DIY 셀프 태양광 발전

DIY 셀프 태양광 발전

에이치브이시뮬 편집부 지음

HV SIMUL

차례

서문	7
1 태양광 발전	13
2 태양 위치 추적	29
3 독립형 태양광 발전 시스템	39
4 태양 추적 태양광 발전 시스템	71
5 계통 연계형 태양광 발전 시스템	83
에필로그	93
참고문헌	95

서문

인류는 끊임없이 새로운 에너지를 개발하여 이용해 왔다. 다른 동물과 마찬가지로, 인간도 음식을 먹고 영양소의 산화를 통하여 에너지를 얻고 이산화탄소를 배출한다. 인류는 불을 발견하고 사용함으로써 문명사회를 구축하기 시작했다고 말해도 과언이 아니다. 인류는 불을 발견함으로써 나무, 동식물의 기름, 초 등의 연소 가능한 물질을 에너지원으로 사용하기 시작했다. 산업 혁명 이후, 인류는 석탄, 석유, 천연가스 등의 화석 연료를 주된 에너지원으로 사용하고 있다. 하지만 화석 연료는 매장량이 한정되어 있기 때문에 인류는 고갈되지 않는 에너지원을 개발하기 시작했다. 그 결과 태양광, 풍력, 수력, 태양열, 지열, 해양에너지 등의 재생 에너지가 개발되었다. 그럼에도 불구하고 인류는 비용, 효율, 기반 시설 등의 문제로 여전히 화석 연료의 연소를 통하여 대부분의 에너지를 얻고 있다.

하지만 화석 연료의 연소는 이산화황, 일산화탄소, 질소

산화물 등의 오염 물질과 이산화탄소 등의 온실 기체를 배출한다. 특히 이산화탄소 농도의 급증으로 인한 지구 온난화 문제에 대응하기 위해 화석 연료의 사용을 줄이고 친환경 재생 에너지로 대체하려는 국제적인 노력이 진행 중이다. 우리나라에서도 태양광 패널을 주변에서 쉽게 찾아볼 수 있고 태양광 발전의 경제성에 대한 사람들의 관심도 높다.

물론 산이나 논밭에 설치한 대규모 태양광 발전 시설 등으로 인한 부작용도 존재한다. 친환경 에너지라는 미명 아래 무분별한 개발로 숲이 훼손되는 경우도 적지 않다. 여름철 집중 호우가 내릴 경우 태양광 발전 시설 주변 지역에 산사태, 침수 등의 재해가 발생할 수 있다. 숲은 광합성에 필요한 이산화탄소를 흡수하고 증산 작용을 하는 등 지구 온난화를 막는 데 중요한 역할을 한다. 또한 숲은 홍수, 가뭄, 산사태, 토양 붕괴 등의 자연 재해로 인한 피해를 최소화시켜 준다.

태양광 발전 시설을 알맞은 장소에 적당한 규모로 설치하여 부작용을 최소화하면서 전력 수요의 상당 부분을 충족할 수 있다면, 화석 연료에 대한 의존도가 낮아질 것이다. 전력을 사용하는 소비자 입장에서 봐도 태양광 발전

서문

시설을 알맞은 장소에 적당한 규모로 설치하면 경제적 이득을 얻을 수 있다. 태양광 발전 시설의 설치 비용이 몇 년 동안의 전기료 절약으로 보상된다면, 그 이후에는 전기료를 절약하는 만큼의 돈을 버는 것이다. 또한 외딴 곳이나 캠핑카, 보트 등 한국전력공사의 배전 계통과의 연결이 어려운 경우에도 독립형 태양광 발전 시설을 설치하면 전기를 이용할 수 있다.

 비록 우리나라에서도 태양광 발전 시설이 곳곳에 설치되어 있지만, 태양광 발전 시설의 경제성에 대해 의구심이 드는 것이 현실이다. 그 이유는 여러 가지가 있을 것이다. 태양광 발전 시설을 설치하는 시공업체가 청구하는 공사 비용과 자재 비용이 너무 높을 경우, 태양광 발전 시설은 경제성이 없다고 해도 과언이 아닐 것이다. 또한 태양광 발전 시설에 대한 정부와 지자체의 보조금을 지원받지 못할 경우 초기 설치 비용이 부담스러운 것이 사실이다. 더욱이 태양광 발전 시설은 초기 설치 이후에도 관리, 보수 및 교체를 필요로 한다. 태양광 발전 시설을 건물 지붕에 설치하는 경우에는 건물 지붕에 대한 중장기 관리 비용도 고려해야 한다.

 이러한 어려움을 극복하는 방법 중 하나는 전력 소비자

가 태양광 발전 시설을 직접 설치하는 것이다. 즉 셀프 시공으로 설치 비용을 줄이는 것이다. 또한 전력 소비자가 태양광 발전 시설을 직접 설치하면 전력 소비량과 생산량에 대한 이해도 높일 수 있다. 계통 연계형 태양광 발전 시설의 경우에는 전력 소비량과 생산량에 따른 전기 요금 계산 방법에 대한 이해도 높일 수 있다. 이를 통하여 전력 소비자는 비용 효율적인 태양광 발전 시설을 설치하는 방법에 대한 노하우를 쌓을 수 있을 뿐만 아니라 전기 에너지 절약의 중요성도 깨닫게 될 것이다.

이 책에서는 태양광 발전 시스템을 과학적 관점에서 살펴보고 태양광 발전 시스템을 셀프로 설치하는 방법을 전하고자 한다. 특히 태양광 발전 시스템을 설치한 실제 사례를 살펴봄으로써 실용적인 지식을 전하고자 하였다. 독립형 태양광 발전 시스템과 계통 연계형 태양광 발전 시스템뿐만 아니라 태양 위치 추적 장치를 활용한 태양광 발전 시스템도 소개함으로써 독자들이 태양광 발전 시스템에 대한 폭넓은 지식을 얻는 데 도움이 되고자 하였다.

이 책의 구성은 다음과 같다. 먼저 첫 번째 장에서는 태양광 발전에 대하여 알아볼 것이다. 이를 통해서 독립형 태양광 발전 시스템과 계통 연계형 태양광 발전 시스템을

서문

이해할 수 있을 것이다. 다음 장에서는 지구에서 바라본 태양의 위치 변화를 살펴보고 햇빛과 태양광 패널이 수직을 이루도록 태양 위치를 추적하는 태양 추적 장치에 대하여 알아볼 것이다. 태양 추적 장치를 사용하면 태양광 발전 시스템의 전력 생산량을 극대화할 수 있다. 세 번째 장에서는 독립형 태양광 발전 시스템을 셀프로 설치하는 방법에 대하여 알아볼 것이다. 셀프로 설치한 독립형 태양광 발전 시스템은 외딴 곳이나 캠핑카, 보트 등에서 유용하게 쓰일 수 있고 일반 가정이나 사무실 등에서도 보조 전력원으로 사용될 수 있다. 네 번째 장에서는 태양 추적 장치를 사용한 독립형 태양광 발전 시스템을 살펴볼 것이다. 이 시스템은 정원이나 마당의 센서등, CCTV 카메라, 스마트폰과 노트북 충전 등에 전력을 공급하는 데 이용될 수 있다. 마지막 장에서는 계통 연계형 태양광 발전 시스템을 셀프로 시공하는 방법에 대하여 알아볼 것이다. 다만 전선을 배선하는 작업은 면허를 가진 전기 기술자에게 맡기는 것이 좋고, 태양광 모듈, 인버터 등을 구입하기 전에 지자체의 인허가를 받고 한국전력공사와의 상계거래계약 신청을 해야 한다. 한국전력공사와의 상계거래계약 체결은 개인이 신청할 수 없고 허가 받은 전기 업체를 통해서만 가

DIY 셀프 태양광 발전

능하다.

1 태양광 발전

태양 복사 에너지, 즉 햇빛은 재생 에너지에 속한다. 재생 에너지는 고갈되지 않아서 계속 이용할 수 있는 에너지를 말한다. 재생 에너지에 속하는 태양광, 태양열, 풍력, 지열, 조력 등은 공해도 배출하지 않아서 그린에너지 또는 청정 에너지라고 한다.[1]

태양광 발전photovoltaic power generation은 태양 전지의 광기전력 효과photovoltaic effect를 이용한 전기 생산을 뜻한다. 태양 전지solar photovoltaic cell는 빛을 받으면 전류가 흐르기 때문에 전지와 같은 역할을 한다. 우리가 많이 들어서 귀에 익은 태양광 패널solar panel이라 함은 여러 개의 태양 전지를 결합한 형태인 태양광 모듈photovoltaic module (PV module)을 말한다.

일반적으로 많이 쓰이는 태양광 모듈은 1세대 태양 전지인 결정질 실리콘 태양 전지로 만든 것이다. 결정질 실리

---

[1] 태양광 패널은 빛에너지를 전기 에너지로 바꾸고, 태양열 패널은 빛에너지를 이용하여 온수를 만든다.

콘 태양 전지에는 단결정질과 다결정질이 있다. 단결정질은 다결정에 비해 가격이 비싸지만 에너지 변환 효율이 높다. 따라서 공간이 제한된 경우에는 다결정질보다는 단결정질 태양 전지로 만든 태양광 모듈을 사용해야 한다. 결정질 태양 전지로 만든 태양광 모듈은 금속 프레임과 강화유리를 이용하여 태양 전지를 보호하기 때문에 유연하지 않고 가볍지 않다. 이에 비해, 2세대 태양 전지인 박막 태양 전지로 만든 태양광 모듈은 유연하고 가벼워서 곡면 형태의 표면에 부착해서 사용할 수 있다.

태양 전지는 빛을 받으면 전지와 같은 역할을 해서 항상 일정한 방향으로 흐르는 전류인 직류를 발생시킨다. 따라서 태양광 모듈은 태양 전지의 크기와 결합된 태양 전지의 개수에 따라 전압과 전류가 다르다. 따라서 태양광 모듈을 구입할 때는 전압과 전류를 살펴보아야 한다. 또한 태양광 모듈은 양극과 음극에 연결된 저항에 따라 전압과 전류가 변한다. 이는 전압(V)이 전류(I)와 저항(R)을 곱한 값과 같기 때문이다. 빛을 받는 태양광 모듈의 양극과 음극이 서로 연결되지 않는 경우, 공기는 부도체이기 때문에 전류는 0이 되고 전압은 최대값이 된다. 이 경우를 열린 회로(open circuit (OC))라고 한다. 반대로, 빛을 받는 태양광 모듈의 양극과 음극이 저항을 통하지 않고 직접 연결되는 경우, 저항이 없으므로 전압도 0이 되고 전류는 최대값이 되어서 발열로 인한 화재나 폭발의 위험이 있다. 이 경우를 짧은 회로라는 뜻의 단락short circuit (SC) 또는 쇼트라고 한다. 전력(P)은 전압(V)과 전류(I)를 곱한 값과 같기 때문에 두 경우 모두 전력은 0이 된다. 따라서 전력이 최대가 되기 위해서는 저항이 너무 작거나 크지 않아야 한다. 태양광 모듈의 뒷면에는 표준 시험 조건standard test condition (STC)에서의 전력, 전압, 전류 등이 표시되어 있다. P_{MAX}는 최대 전력maximum power이고, 전력이 최대일 때의 전압과 전류는 각각 V_{MP}와 I_{MP}이다. V_{OC}는 열린 회로일 때의 전압open-circuit voltage이고, I_{SC}는 단락일 때의 전류short-circuit current이다.

 태양광 모듈PV module은 직렬 또는 병렬로 연결될 수 있다. 이는 여러 개의 태양 전지가 결합되어 태양광 모듈을 이루는 것과 비슷하다. 여러 개의 태양광 모듈이 직렬 또는 병렬로 연결된 집합체를 태양광 어레이PV array라고 한다. 표 또는 행렬을 떠올리면 이해가 쉽다. 여러 개의 태양광 모듈을 직렬로 연결하면 전압이 합산된다. 이렇게 직렬로 연결된 여러 개의 태양광 모듈을 하나의 열string이라고 하자. 직렬 연결된 태양광 모듈의 전압은 합산되므로 전압이 커진다. 이제 여러 개의 열을 병렬로 연결하면 모든 열의 전류가 합산되므로 전류가 커진다. 결과적으로 태양광 어레이는 큰 전력을 생산할 수 있다.

    태양광 발전 시스템pv system에는 크게 두 가지 유형이 있다. 첫 번째는 한국전력공사의 배전 계통에 연결되는 계통 연계형grid-tied 시스템이고, 두 번째는 배전 계통에 연결되지 않고 생산된 전력을 배터리에 저장하여 필요할 때 사용하는 독립형off-grid 시스템이다. 계통 연계형 시스템의 경우, 햇빛이 강한 낮에는 발전량이 사용량보다 커서 남는 전력을 한국전력공사의 배전 계통으로 보내고, 흐린 날이나 밤에는 한전의 배전 계통으로부터 공급되는 전력을 이용한다. 이에 반해 독립형 시스템은 태양광 어레이에서 발전된 전력을 배터리에 저장하고 직류 전력을 교류 전력으로 변환하는 장치인 인버터를 이용하여 배터리에 저장된 전력을 사용한다.

독립형 태양광 발전 시스템

먼저 독립형 태양광 발전 시스템을 살펴보면, 태양광 어레이에서 생산된 전력은 충전 조절기charge controller를 거쳐서 배터리에 저장된다. 물이 수위가 높은 곳에서 낮은 곳으로 흐르는 것과 마찬가지로, 전류는 전위가 높은 곳에서 낮은 곳으로 흐른다. 따라서 태양광 어레이를 이용하여 배터리를 충전하기 위해서는 태양광 어레이의 전압이 배터리의 전압보다 높아야 한다. 하지만 충전 전압이 배터리 전압보다 훨씬 높으면, 배터리가 과충전될 수 있고 발열로 인한 폭발이나 화재가 일어날 수 있다. 충전 조절기는 이 딜레마에서 벗어나게 해 준다. 충전 조절기는 태양광 어레이의 전압을 배터리의 충전에 알맞는 전압으로 바꾼다. 이 과정에서, 충전 조절기는 배터리 잔량을 측정하여 충전 전압을 조정함으로써 충전 전류를 조정한다. 다시 말해서, 충전 조절기는 배터리 잔량이 일정 수준에 도달할 때까지 충전 전류가 최대값이 되도록 유지한다. 이를 대량 단계bulk stage라고 한다. 배터리 잔량이 일정 수준에 도달하면 충전 전류는 점점 감소하는데, 이 단계를 흡수 단계absorption stage라고 한다. 마지막 단계인 부동 단계float stage에는 충전 전류가 아주 작은 최소값으로 유지된다. 결과적으로 충전 조절기는 과방전과 과충전을 방지하고 배터리의 수명을 길게 한다. 충전 조절기에는 두 종류가 있다. 최대 전력점 추적maximum power point tracking (MPPT) 충전 조절기는 태양광 어레이가 생산하는 전력량이 가능한 한 최대가 될 수 있도록 해 준다. 따라서 가격이 문제가 되지 않는다면, 펄스 폭 제어pulse width modulation (PWM) 충전 조절기보다는 최대 전력점 추적MPPT 충전 조절기를 사용하는 것이 좋다. 또한 태양광 발전 및 배터리 충전 상태 등에 대한 모니터링을 제공하는 충전 조절기를 구입하도록 한다. 블루투스 기능과 스마트폰 앱을 이용하여 모니터링을 제공하는 제품들이 시중에 많이 나와 있다.

독립형 태양광 발전 시스템에 쓰이는 배터리는 심방전 또는 딥사이클 배터리deep cycle battery라고 한다. 딥사이클 배터리는 우리에게 익숙한 차량용 배터리와 다르다. 차량용 배터리는 자동차 시동을 걸 때 기동 전동기와 점화 장치에 짧은 시간동안 전원을 공급하고, 시동이 걸린 후 엔진에 연결된 발전기에 의해 충전된다. 이에 반해, 딥사이클 배터리는 충전된 후, 하루 내지 며칠이라는 긴 시간 동안 전원을 공급한다. 다시 말해서, 딥사이클 배터리는 햇빛이 강한 낮 동안 생산된 전력을 저장해 두었다가 하루 동안 전원을 공급할 뿐만 아니라, 며칠 동안 날씨가 흐린 경우에도 방전되지 않고 전원을 공급할 수 있다.

딥사이클 배터리에는 납산 전지lead-acid battery, 알칼리 전지alkaline battery, 리튬 전지lithium battery 등의 여러 종류가 있다. 특히 무정비 배터리maintenance free battery로 불리는 밀폐형 납산 전지sealed lead-acid battery는 최소한의 정비만 하면 되고 가격이 비싸지 않아서 많이 사용되는데, 흡수성 유리섬유 전지absorbent glass mat battery, 젤 전지gel cell 등이 있다. 밀폐형 납산 전지에 비해 비용이 더 들지만, 리튬인산철 배터리lithium iron phosphate battery (LiFePO₄ battery)도 많이 쓰인다. 리튬인산철 배터리는 효율이 더 높고 심방전도depth of discharge (DoD)가 80%로 더 높으며 심방전 사이클 횟수가 몇 배 더 많다. 뿐만 아니라 리튬인산철 배터리는 더 가볍고 가스를 배출하지 않으며 자기 방전율이 낮아서 충전 없이 장기간 보관 가능하다.

    딥사이클 배터리를 선택할 때는 전압과 용량을 정해야 한다. 전압은 보통 6V, 12V, 24V 또는 48V이다. 배터리의 용량은 암페어 시간 또는 암페어시ampere hour (Ah)로 표시되는데, 암페어시(Ah)는 전류(A)와 시간(h)의 곱과 같다. 전압(V)과 암페어시(Ah)의 곱은 전력량의 단위인 와트시Watt hour (Wh)와 같다. 이렇게 계산된 전력량 가운데 우리가 실제로 사용할 수 있는 전력량은 배터리의 심방전도DoD와 효율efficiency에 비례한다. 심방전도는 최대로 방전될 수 있는 정도를 나타내는데, 납산 전지와 리튬인산철 배터리의 경우 각각 50%와 80%이다. 배터리의 효율은 배터리에 저장된 전력량이 방출될 때 실제로 배터리 외부로 공급되는 전력량의 비율을 나타내는데, 납산 전지와 리튬인산철 배터리의 효율은 각각 80%와 95~99%이다.

 딥사이클 배터리를 직렬 또는 병렬로 연결하여 배터리 뱅크battery bank를 구축하면 저장할 수 있는 전력량이 증가한다. 태양광 모듈과 마찬가지로, 배터리를 직렬로 연결하면 전압이 합산되고 병렬로 연결하면 전류가 합산된다. 다만 구입하고자 하는 배터리가 직렬 또는 병렬로 연결할 수 있는지 제조사에 미리 문의하는 것이 좋다. 예를 들어, 리튬인산철 배터리는 배터리 관리 시스템battery management system (BMS)을 갖춘 스마트 배터리인 경우가 많은데, 이로 인해서 직렬 연결이 불가능한 경우도 있다.

 마지막으로, 배터리에 저장된 전기에너지를 이용하기 위해서는 직류 전력을 교류 전력으로 변환하는 장치인 인버터가 필요하다. 인버터의 유형은 크게 계통 연계형grid-tied, 독립형off-grid, 하이브리드hybrid 세 가지로 나눌 수 있다. 독립형 인버터는 직류 전력을 교류 전력으로 변환하는 기능만 있는 기본형뿐만 아니라 충전기가 통합되어서 교류 전력을 이용하여 배터리를 충전할 수 있는 통합형도 있다. 독립형 인버터를 구입할 때는 배터리의 전압과 가전제품의 소비전력을 고려해야 한다. 예를 들어, 배터리의 공칭 전압$_{\text{nominal battery voltage}}$이 12V이고 가전제품의 소비 전력이 최대 1000W이면, 입력 전압이 12V이고 공칭 전력$_{\text{nominal power}}$이 2000W 이상인 인버터를 구입하도록 한다. 인버터에는 가전제품을 연결하는 콘센트가 보통 2개 있어서 각 콘센트에서 실제로 출력될 수 있는 최대 전력은 공칭 전력보다 25% 정도 작다고 한다. 예를 들어, 2000W 인버터는 소비 전력이 1500W보다 작은 가전제품만 사용 가능하다. 인버터를 구입하기 전에 제조사에 미리 문의하는 것이 좋다. 인버터의 입력 전압과 공칭 전력은 모델명에 포함되므로 쉽게 알 수 있다. 효율이 높고 과부하 보호$_{\text{overload protection}}$ 기능이 있으며 출력 전압의 파형이 순수 정현파$_{\text{pure sine wave}}$인 인버터를 구입하도록 한다.

　지금까지 독립형 태양광 발전 시스템의 주요 구성 요소들을 모두 살펴보았다. 여기에 추가해야 할 구성 요소들이 있다. 먼저 전선에 과전류가 흐를 경우 발열로 인한 화재의 위험이 있다. 이를 방지하기 위하여 퓨즈$_{\text{fuse}}$ 또는 차단기$_{\text{circuit breaker}}$를 사용해야 한다. 또한 태양광 어레이 또는 배터리 뱅크를 점검하거나 보수하는 작업이 필요할 경우를 위하여 단로기disconnector 또는 단로 스위치disconnecting switch를 사용하도록 한다. 태양광 어레이에서 여러 개의 열string을 병렬로 연결하려면 여러 개의 열에 연결된 전선들을 하나의 전선으로 결합해야 한다. 이를 위해 Y형 분기 병렬 어댑터 케이블Y branch parallel adapter cable 또는 결합 상자combiner box를 이용하면 손쉽게 연결할 수 있다. 결합 상자 또는 접합 상자junction box는 병렬 연결을 도울 뿐만 아니라 퓨즈나 차단기도 상자 안에 포함되므로 일석이조이다.

계통 연계형 태양광 발전 시스템

다음으로 계통 연계형 태양광 발전 시스템을 살펴보자. 계통 연계형 태양광 발전 시스템에서는 배터리를 사용하지 않기 때문에 충전 조절기도 필요 없다. 따라서 태양광 어레이에서 생산된 직류 전력은 계통 연계형grid-tied 인버터를 통해서 교류 전력으로 변환된다. 계통 연계형 인버터에는 스트링 인버터string inverter와 마이크로 인버터microinverter 두 종류가 있다.

　　스트링 인버터string inverter는 직렬로 연결된 여러 개의 태양광 모듈, 즉 하나의 열$_{string}$ 또는 태양광 어레이$_{PV\ array}$에서 생산된 직류 전력을 교류 전력으로 변환한다. 따라서 스트링 인버터를 이용한 계통 연계형 태양광 발전 시스템은 대부분의 경우 한두 대의 스트링 인버터가 사용된다. 또한 스트링 인버터는 태양광 어레이로부터 어느 정도 거리를 둘 수 있기 때문에 태양광 어레이를 건물 지붕에 설치한 경우에도 건물 벽에 벽걸이 방식으로 설치된. 하루 동안 태양광 어레이가 받는 햇빛의 양이 변함에 따라 생산 가능한 전력량도 변한다. 독립형 태양광 발전 시스템에 사용되는 충전 조절기와 마찬가지로, 스트링 인버터는 태양광 어레이가 생산하는 전력량이 가능한 한 최대가 될 수 있도록 해 주는 최대 전력점 추적$_{MPPT}$ 기능을 수행한다. 스트링 인버터를 구입할 때는 태양광 발전 상태, 발전량 등에 대한 모니터링을 제공하는지 확인하도록 한다.

하나의 열 또는 태양광 어레이에서 생산된 직류 전력을 교류 전력으로 변환하는 스트링 인버터와 다르게, 마이크로 인버터$_{microinverter}$는 태양광 모듈$_{PV\ module}$ 한두 개에서 생산된 직류 전력을 교류 전력으로 변환한다. 따라서 마이크로 인버터를 이용한 계통 연계형 태양광 발전 시스템은 여러 대의 마이크로 인버터가 사용된다. 각각의 마이크로 인버터는 연결된 태양광 모듈에 대한 최대 전력점 추적$_{MPPT}$ 기능과 태양광 발전 상태, 발전량 등에 대한 모니터링을 수행한다. 결과적으로, 마이크로 인버터는 그늘 등으로 인하여 태양광 어레이에 비치는 햇빛의 밝기가 고르지 않은 경우 전력 생산량을 극대화하도록 해 주고, 다른 종류의 태양광 모듈을 같이 사용할 수 있도록 해 주며, 일부 태양광 모듈이나 마이크로 인버터가 오작동하는 경우에도 나머지 시스템의 전력 생산량에 영향을 미치지 않는다. 반면에 마이크로 인버터는 가격이 비싸고, 일사량이 강한 경우 변환할 수 전력의 크기에 제한이 있을 수 있으며, 태양광 모듈의 뒷면이나 태양광 모듈을 고정시키는 레일에 부착하기 때문에 마이크로 인버터에 문제가 발생하는 경우 해당 마이크로 인버터를 탈착하기 위해서는 태양광 모듈도 분리시켜야 하는 번거로움이 있다.

독립형 태양광 발전 시스템에서 독립형 인버터에 가전제품을 연결하여 사용하는 것처럼, 계통 연계형 태양광 발전 시스템에서도 전기 기술자가 계통 연계형 인버터와 분전반$_{distribution\ board}$을 연결하면 태양광 어레이에서 생산된 직류 전력이 인버터를 통해 교류 전력으로 변환되어 가전제품에 공급될 수 있다. 따라서 계통 연계형 태양광 발전 시스템은 충전 조절기와 배터리가 필요 없다는 점에서 독립형 태양광 발전 시스템보다 간단하고 비용이 적게 든다고 할 수 있다. 하지만 계통 연계형 시스템은 낮에 생산한 전력을 배터리에 저장하지 못하기 때문에 낮 동안 전력 사용량이 발전 가능량보다 적으면 실제 발전량은 발전 가능량보다 적을 것이다. 그 대신에 계통 연계형 시스템은 낮 동안 남는 전력을 한국전력공사의 배전 계통으로 보내기 때문에 실제 발전량이 발전 가능량과 같게 된다. 배전 계통 연계를 위해서는 한전과 상계거래계약을 체결해야 한다. 또한 계통 연계형 태양광 발전 시스템은 시스템 설치 전에 지자체의 인허가를 미리 받아야 한다.

 지금까지 살펴본 계통 연계형 태양광 발전 시스템의 주요 구성 요소들에 추가해야 할 구성 요소들을 알아보자. 먼저 결합 상자 또는 접합 상자를 이용하여 태양광 어레이의 여러 열을 병렬로 연결하고 퓨즈나 차단기를 이용하여 전선에 과전류가 흐르는 것을 방지한다. 또한 단로기 또는 단로 스위치를 설치하여 시스템을 점검하거나 보수하는 작업이 필요할 경우를 대비한다. 태양광 어레이와 인버터 사이에는 직류용 차단기와 단로 스위치를 설치하고, 인버터와 분전반 사이에는 교류용 차단기와 단로 스위치를 사용한다. 마지막으로 태양광 어레이가 생산한 전력량을 측정하는 계량기를 시스템의 마지막 구성 요소로 설치한다. 한국전력공사와 상계거래계약을 체결하고 나면, 한전에서 발전량 측정 계량기 PV production meter를 분전반에 연결하고 기존의 계량기 대신에 한전으로부터 받는 수전 전력량뿐만 아니라 한전으로 송전하는 전력량도 측정할 수 있는 계량기 utility net meter를 설치하는 등 계통 연계를 위한 모든 작업을 한다.

2 태양 위치 추적

태양은 약 섭씨 6000도의 표면 온도를 가지고 있어서 대부분의 에너지가 0.2~4마이크로미터 파장의 전자기파 형태로 전달된다. 태양 복사 에너지$_{\text{solar radiation energy}}$의 약 40%가 0.4~0.67마이크로미터의 파장을 가진 가시광선을 통해서 전달되고 나머지는 자외선, 적외선 등의 형태로 전달된다. 지구는 태양으로부터 아주 멀리 떨어져 있어서 지구에 도달하는 태양 복사 에너지는 극히 일부분에 지나지 않는다. 지구의 평균 궤도거리에서 단위면적당 단위시간에 받는 태양 복사 에너지는 약 $1366 W/m^2$이고 태양 상수$_{\text{solar constant}}$라고 부른다. 또한 같은 이유로 지구에 도달하는 햇빛은 거의 평행하다.

  햇빛이 지표면과 이루는 각도가 수직에 가까울수록 지표면에 보다 많은 태양 복사 에너지를 전달한다. 따라서 적도 지방에 가장 많은 태양 복사 에너지가 전달되고 극지방에 가장 적은 태양 복사 에너지가 전달된다. 그 결과 위

DIY 셀프 태양광 발전

도에 따른 지구 표면 온도의 큰 차이가 생긴다. 마찬가지로 태양광 패널에 전달되는 태양 복사 에너지는 패널과 햇빛이 수직을 이룰 때 최대가 된다. 대기에서의 흡수, 산란, 반사 등을 무시하면 이 최대값은 패널의 면적과 태양 상수를 곱한 값과 같게 된다. 반면에 햇빛과 태양광 패널이 평행한 경우 패널에 도달하는 태양 복사 에너지는 0이 된다. 이는 태양광 패널의 유효 면적이 0이 되기 때문이다.[1] 유효 면적뿐만 아니라 반사율도 중요하다. 태양광 패널에 수직한 법선 방향과 햇빛 사이의 각도, 즉 입사각이 커질수록 패널에 도달한 햇빛의 반사율이 증가한다. 따라서 태양광 패널과 햇빛이 수직을 이루도록 패널이 향하는 방향을 조절할 수 있다면 태양광 발전 시스템의 전력 생산량이 크게 증가할 것이다. 앞에서 설명한 것처럼, 지구에 도달하는 햇빛은 거의 평행하기 때문에, 햇빛의 방향은 천구 celestial sphere 상에서의 태양 위치에 의해 결정된다.

---

[1] 태양광 패널의 유효 면적은 실제 면적에 입사각의 코사인을 곱한 값과 같다.

태양 위치 추적

그림 1. 춘분이나 추분일 때, 태양광선은 지구의 적도면과 평행하다. 따라서 약 위도 37도인 서울에서 최대 태양 고도각은 약 53도이다. 검은색 화살표는 자전축을 나타내고, 빨간색 화살표는 자전 방향을 나타낸다.

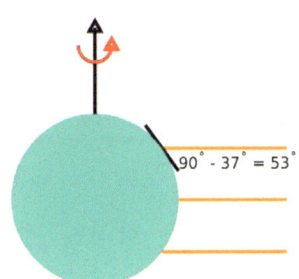

그림 2. 하지일 때, 태양광선은 지구의 적도면과 약 +23.5도 각도를 이룬다. 따라서 서울에서 최대 태양 고도각은 약 76.5도이다.

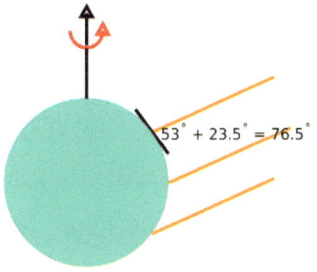

그림 3. 동지일 때, 태양광선은 지구의 적도면과 약 -23.5도 각도를 이룬다. 따라서 서울에서 최대 태양 고도각은 약 29.5도이다.

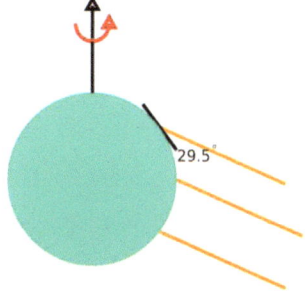

DIY 셀프 태양광 발전

지구는 태양 주위 타원궤도를 따라 공전한다. 이 공전 궤도면에 수직한 방향으로부터 지구의 자전축은 약 23.5도 기울어져 있다. 이로 인하여 계절의 변화가 나타난다. 따라서 춘분 또는 추분일 때 태양광선은 지구의 적도면과 평행하다. 태양광선은 하지일 때 지구의 적도면과 약 +23.5도를 이루고, 동지일 때 약 -23.5도를 이룬다. 이 각도, 즉 태양광선과 적도면 사이의 수직각을 태양의 적위$_{solar\ declination}$라고 한다. 따라서 춘분날이나 추분날 약 위도 37도인 서울에서 햇빛이 지평면과 이루는 각도, 즉 태양 고도각은 정오일 때 최대이고 그 값은 약 53도이다. 하지날 태양광선은 지구의 적도면과 약 23.5도를 이루므로 최대 태양 고도각은 약 76.5도이다. 반면에 동지날 최대 태양 고도각은 53도보다 23.5도 작은 약 29.5도이다.

태양 위치 추적

그림 4. 서울의 지평면을 기준으로 계산한 태양의 위치를 표현하였다. 각 위치에 해당하는 시간은 숫자로 나타내었다. 지평면 중심에 있는 녹색 점은 지구를 나타낸다. 위에서부터 순서대로 춘분 (또는 추분), 하지, 동지의 경우를 나타낸다. 태양의 크기를 과장되게 표현하였다. 실제 스케일에 맞게 표현했다면, 태양과 지구가 아주 작은 점으로 표현될 것이다.

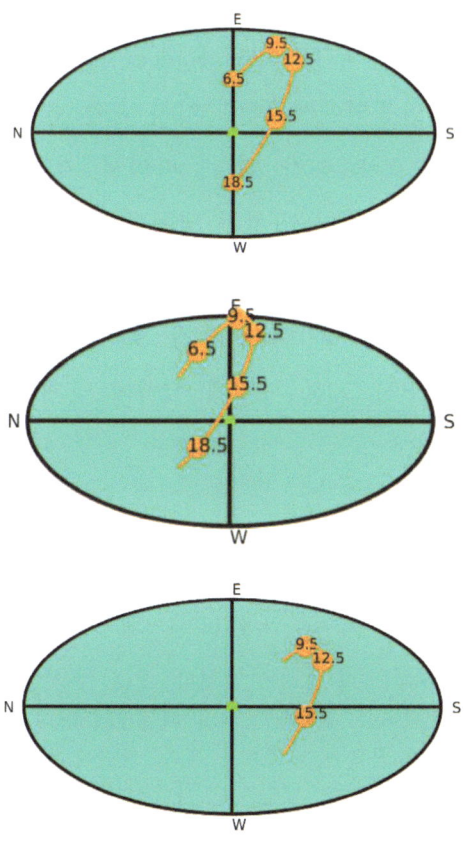

DIY 셀프 태양광 발전

　　태양 고도각은 정오에 최대값이며 해가 뜨거나 질 때 0도이다. 춘분이나 추분에는 오전 6시 30분에 동쪽에서 해가 떠서 오후 6시 30분에 서쪽으로 해가 진다. 그리고 오후 12시 30분에 해가 가장 높게 뜬다.[2] 여름에는 오전 6시 30분이 되기 전에 북동쪽에서 해가 떠서 오후 6시 30분이 지난 후에 북서쪽으로 해가 진다. 반면에 겨울에는 오전 6시 30분이 지난 후에 남동쪽에서 해가 떠서 오후 6시 30분이 되기 전에 남서쪽으로 해가 진다. 따라서 겨울에는 해가 낮게 뜰 뿐만 아니라 해의 위치가 남동쪽에서 남서쪽 사이라는 것을 알 수 있다. 반면에, 여름에는 해가 오전 6시 30분과 오전 9시 30분 사이에 동쪽에 낮게 위치하고 오후 3시 30분과 오후 6시 30분 사이에 서쪽에 낮게 위치한다는 것을 알 수 있다.[3]

---

[2] 우리나라의 표준시는 일본의 표준시와 같이 경도 135도에 태양이 위치할 때 오후 12시이다. 따라서 한반도의 중앙을 지나는 경도 127.5도에 태양이 위치하려면 지구가 30분 더 자전해야 한다.

[3] 적도에서는 일년 내내 낮과 밤의 길이가 똑같다. 최대 태양 고도각은 춘분과 추분일 때 90도이고 하지와 동지일 때 66.5도이다. 하지와 동지일 때는 해가 각각 북쪽과 남쪽으로 뜬다. 반면에 북극에서는 지평면이 적도면과 평행하므로 태양 고도각이 하루 동안 거의 변함이 없다. 따라서 하지에는 태양 고도각이 23.5도로 일정하여 하루 종일 낮이고, 동지에는 하루 종일 밤이다. 이를 각각 백야와 극

태양 위치 추적

태양광 패널과 햇빛이 수직을 이루도록 패널이 향하는 방향을 조절하는 것을 태양 위치 추적 또는 태양 추적 solar tracking이라고 한다.4 태양 추적 시스템 solar tracking system 또는 태양 추적 장치 solar tracker는 두 가지로 분류된다. 하나의 회전축을 이용하는 단축 태양 추적 장치 single-axis solar tracker는 지구의 자전으로 인하여 태양이 동쪽에서 떠서 서쪽으로 지는 일주 운동을 한다는 사실을 고려한다. 두 개의 회전축을 이용하는 양축 태양 추적 장치 dual-axis solar tracker는 태양의 일주 운동뿐만 아니라 태양의 연주 운동도 고려한다. 지구의 공전과 기울어진 자전축으로 인하여, 태양은 북회귀선과 남회귀선 사이에서 1년 주기의 겉보기 운동을 한다. 따라서 단축 태양 추적 장치는 태양광 발전 시스템의 전력 생산량을 향상시키기 위해 사용되는 반면에, 양축 태양 추적 장치는 태양광 발전 시스템의 전력 생산량을 극대화하기 위해 사용된다.

태양 추적 장치에서 태양광 패널이 향하는 방향은 수동

야라고 한다. 이와 관련하여, 생텍쥐페리의 《어린 왕자》에서는 북극과 남극의 가로등 켜는 사람이 가장 한가하다고 하였다. 일 년 동안 가로등을 한 번만 켜고 한 번만 끄면 되기 때문이다.

4 어린 해바라기의 꽃도 태양 추적 반응을 보인다.

또는 자동으로 조절된다. 자동 태양 추적 장치는 전자 장치를 이용하여 자동으로 패널이 향하는 방향을 조절한다. 자동 태양 추적 장치에는 두 가지 유형이 있다. 첫 번째 유형은 광 센서$_{photosensor}$를 이용하여 태양의 위치를 추적한다. 이러한 추적 방법은 햇빛에 의존하기 때문에 좋은 날씨를 필요로 한다. 두 번째 유형은 태양 추적 장치를 설치할 지역의 위도와 경도에 대해서 계산된 데이터, 즉 시간에 따른 태양의 고도각과 방위각을 이용한다. 고도각과 방위각은 설치 지역의 지평면을 기준으로 정의된 각도이다. 태양의 고도각$_{solar\ altitude}$은 태양과 지평면 사이의 수직각을 말하고, 태양의 방위각$_{solar\ azimuth}$은 보통 진북에서 태양까지 시계 방향으로 측정한 수평각을 말한다. 대부분의 태양 추적 장치는 운동 범위가 제한되어서 일부 지역에서만 이용 가능하다. 운동 범위의 제한 정도는 태양 추적 장치의 종류에 따라 다르기 때문에 설치 지역의 위도에 맞는 태양 추적 장치를 사용해야 한다.

3 독립형 태양광 발전 시스템

이번 장에서는 독립형 태양광 발전 시스템을 실제로 구축한 경우를 살펴보도록 하자. 100W 태양광 모듈 2개로 구성된 태양광 어레이로 시작하여 2000W 인버터로 끝나는 소형 시스템으로서 캠핑카, 보트 등 전력 계통 연계가 어려운 곳에 적합하고 일반 가정이나 사무실 등에서도 보조 전력원으로 사용될 수 있다.

   소형 시스템에 쓰이는 태양광 모듈, 충전 조절기, 전선, 퓨즈는 미국 아마존 웹 사이트에서 직접 구매하면 여러 제품 중에서 가격이 저렴하고 소비자 평가 점수가 높은 제품을 고를 수 있다. 배터리는 취급에 주의를 요하기 때문에 국내 제품을 구입하도록 한다. 또한 나라마다 정격 전압이 다르므로 인버터도 국내 제품을 구입하는 것이 좋다. 태양광 모듈을 고정시키는 앵글 프레임도 국내 판매처에서 구입하도록 한다.

시스템 구성 요소

그림 1. 서향 발코니에 100W 태양광 모듈 2개를 병렬로 연결한 태양광 어레이를 설치하였다. 왼쪽 위, 오른쪽 위 그리고 오른쪽 아래에 있는 사진은 각각 태양광 어레이의 앞면, 뒷면 그리고 태양광 모듈의 뒷면에 표시된 태양광 모듈의 전기 사양을 보여 준다.

독립형 태양광 발전 시스템

사용된 태양광 모듈은 단결정질 실리콘 태양 전지로 만든 제품으로서 표준 시험 조건$_{STC}$에서의 최대 전력$_{Pmax}$이 100W, 전력이 최대일 때의 전압$_{Vmp}$과 전류$_{Imp}$가 각각 20.4V와 4.91A이다. 열린 회로일 때의 전압$_{Voc}$은 24.3V이고, 단락일 때의 전류$_{Isc}$는 5.21A이다.

  태양광 모듈 2개를 병렬로 연결하여 태양광 어레이를 구성하였다. 직렬로 연결하지 않고 병렬로 연결한 이유는 태양광 어레이를 설치한 발코니는 협소하고 서향이어서 태양광 어레이의 일부분에 그늘이 지기 때문이다. 똑같은 태양광 모듈을 직렬로 연결하여 하나의 열$_{string}$을 구성하면 전압만 합산되고 전류는 각 모듈의 전류와 같게 된다. 따라서 전압과 전류를 곱한 값과 같은 전력도 합산된다. 하지만 하나의 열$_{string}$을 구성하는 여러 개의 태양광 모듈 중 하나에 그늘이 지면, 그늘진 태양광 모듈의 전류가 감소하게 되고 열$_{string}$의 전류도 그늘진 태양광 모듈의 전류와 같게 된다. 결과적으로 열$_{string}$의 전력은 태양광 모듈의 전력을 합산한 값보다 적게 된다. 반면에 태양광 모듈을 병렬로 연결하면 전류가 합산되기 때문에 하나의 태양광 모듈에 그늘이 진 경우에도 태양광 어레이의 전력은 태양광 모듈의 전력을 합산한 값과 같다.

DIY 셀프 태양광 발전

그림 2. 최대 전력점 추적 충전 조절기를 사용하여 12V 리튬인산철 배터리를 충전하였다. 왼쪽 위, 오른쪽 위 그리고 왼쪽 아래는 각각 충전 조절기, 충전 조절기의 전기 사양 그리고 스마트폰 앱의 배터리 설정 화면을 나타낸다.

독립형 태양광 발전 시스템

　사용된 충전 조절기는 최대 전력점 추적$_{MPPT}$ 기능을 수행하고 블루투스 기능과 스마트폰 앱을 이용하여 태양광 발전 및 배터리 충전 상태 등에 대한 모니터링을 제공한다. 이 충전 조절기는 태양광 어레이의 열린 회로 전압$_{Voc}$과 단락 전류$_{Isc}$가 각각 100V와 20A 이하일 때 사용 가능하고 태양광 어레이의 공칭 전압$_{nominal\ voltage}$이 배터리 전압보다 5V 이상 높아야 사용 가능하다. 또한 배터리 전압이 12V, 24V 또는 48V일 때 사용 가능하고 최대 충전 전류는 20A이다. 또한 충전 조절기의 스마트폰 앱을 이용하여 흡수$_{absorption}$ 충전 전압과 부동$_{float}$ 충전 전압 등을 설정할 수 있는데, 흡수성 유리섬유 전지$_{AGM\ battery}$, 젤 전지$_{gel\ cell}$, 리튬인산철 배터리$_{LiFePO_4\ battery}$ 등에 대한 사전 설정값을 선택하면 된다.

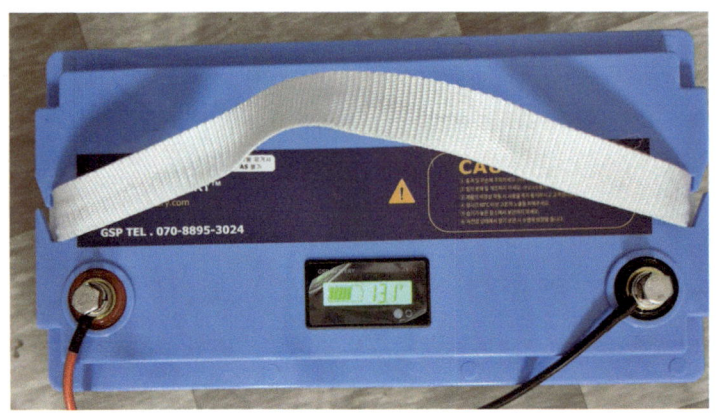

그림 3. 배터리 관리 시스템과 잔량표시기를 갖춘 12V 100Ah 리튬인산철 배터리를 사용하였다.

사용된 배터리는 12V 100Ah 리튬인산철 배터리이다. 따라서 배터리 용량은 1280Wh이다.[1] 이 중에서 실제로 사용할 수 있는 유효 용량은 리튬인산철 배터리의 심방전도 DoD 80퍼센트와 효율 95~99퍼센트를 적용하면 약 1000Wh이다. 이 리튬인산철 배터리는 배터리 관리 시스템 BMS을 갖춘 스마트 배터리이고 잔량표시기가 있어서 배터리 잔량을 쉽게 확인할 수 있다.

---

[1] 12V 리튬인산철 배터리의 정격 전압은 12.8V이고 충전 전압은 14.6V이다.

독립형 태양광 발전 시스템

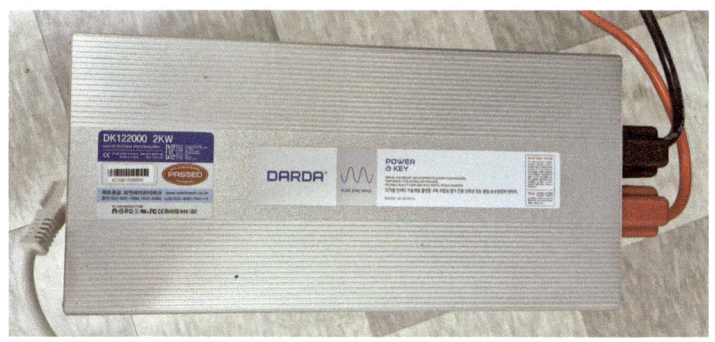

그림 4. 12V 2000W 순수 정현파 인버터를 사용하였다.

사용된 인버터는 12V 2000W 순수 정현파 인버터이다. 출력 전압, 정격 출력 output power continuous 그리고 서지 최대 출력 surge maximum power은 각각 220V, 1800W 그리고 4000W 이다. 이 인버터는 2개의 콘센트가 있고 과부하 방지 기능이 있고 최대 효율이 89퍼센트이다. 인버터 구입 시 배터리와의 연결에 사용되는 케이블과 쇼트 방지용 보호 커버가 같이 제공된다.

그림 5. MC4 커넥터로 된 Y형 분기 케이블 한 쌍을 이용하여 태양광 모듈 2개를 병렬로 연결하였다. 태양광 모듈의 (+) 전선과 Y형 분기 케이블 사이에 10A 인라인 MC4 커넥터 퓨즈를 사용하였다. 충전 조절기에 한 쌍의 10AWG 전선 케이블을 연결하였다. 이제 Y형 분기 케이블과 10AWG 전선 케이블을 연결하면, 태양광 어레이와 충전 조절기가 연결된다.

    태양광 어레이, 충전 조절기 그리고 배터리는 10AWG 구리 전선 케이블을 이용하여 연결하였다. 전선 규격은 전선 지름을 나타내는데, AWG는 미국 전선 규격 American Wire Gauge을 의미한다. 전선 규격 번호가 작을수록 전선 지름이 크다. 따라서 전류값이 클수록 전선 규격 번호가 작아야 한다. 10AWG 구리 전선의 전류 용량 current capacity 또는 정격 전류 rated current는 30A 이상이므로 30A 이하의 전류에 적합하다.[2] 지름이 작고 길이가 긴 전선은 저항이 커서 전압 강

---

[2] 전선에 안전하게 흐를 수 있는 최대 허용 전류, 즉 전류 용량은 전선의 종류, 온도 등에 따라 다르다. 따라서 전선을 구입할 때 전선

하voltage drop를 발생시켜서 전력 손실로 이어진다. 따라서 가능한 한 지름이 크고 길이가 짧은 전선을 사용하는 것이 좋다.

　태양광 모듈의 전선 끝은 MC4 커넥터MC4 connector로 되어 있는 경우가 많다. 따라서 MC4 커넥터로 된 전선 케이블을 구입하면 전선 연결뿐만 아니라 연결 해제도 간편해서 소형 시스템의 경우 단로 스위치disconnecting switch 없이 구축 가능하다. 또한 퓨즈도 MC4 커넥터와 결합된 인라인 MC4 커넥터 퓨즈inline MC4 connector fuse를 사용하면 편리하다.

　한 쌍의 Y형 분기 병렬 어댑터 케이블Y branch parallel adapter cable을 이용하여 태양광 모듈 2개를 병렬로 연결하여 태양광 어레이를 구성하였는데, 태양광 모듈의 (+) 전선과 Y형 분기 케이블 사이에 10A 인라인 MC4 커넥터 퓨즈를 사용하였다. 이 퓨즈 전류값은 태양광 모듈 뒷면에 표시된 최대 퓨즈 전류값Max Series Fuse Rating인 15A보다 작아야 한다. 사용된 Y형 분기 케이블의 정격 전류는 20A이다. 앞에서 언급한 것처럼, Y형 분기 케이블과 충전 조절기는 한 쌍의 10AWG 전선 케이블을 이용하여 연결하였다.

　충전 조절기와 배터리는 두 쌍의 10AWG 전선 케이블

　규격뿐만 아니라 전선의 종류와 전류 용량도 확인해야 한다.

을 이용하여 연결하였다. 이는 MC4 커넥터를 이용하여 전선 연결과 연결 해제도 간편하게 하기 위해서다. 배터리의 (+) 전선과 충전 조절기 사이에 30A 인라인 MC4 커넥터 퓨즈를 사용하였다.

배터리와 인버터는 인버터 구입 시 제공된 25SQ 전선 케이블을 이용하여 연결하였다. SQ는 전선 단면적을 나타내는 규격으로 ㎟를 의미한다. 25SQ 전선은 26.7㎟인 3AWG 전선에 비해 단면적이 약간 작다.

지금까지 살펴본 독립형 태양광 발전 시스템, 즉 100W 태양광 모듈 2개로 구성된 태양광 어레이로 시작하여 2000W 인버터로 끝나는 소형 시스템의 그림 배선도(pictorial wiring diagram)는 다음 그림과 같다. 그림 배선도를 살펴보면 시스템 구성 요소들의 연결을 한 눈에 볼 수 있다.

독립형 태양광 발전 시스템

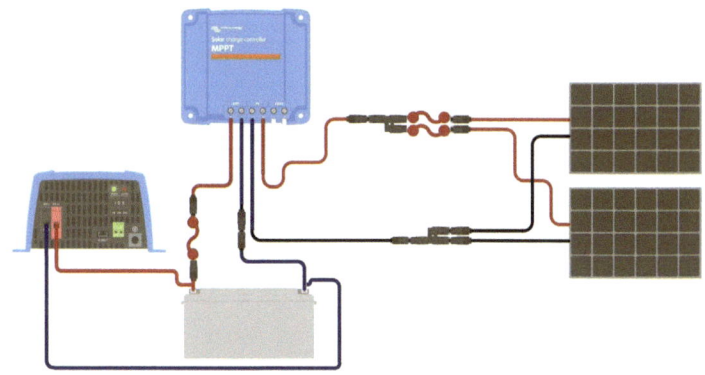

그림 6. 이번 장에서 살펴보고 있는 독립형 태양광 발전 시스템을 그림 배선도로 나타내었다. 그림 배선도를 살펴보면 시스템 구성 요소들의 연결을 한 눈에 볼 수 있다.

시스템 사양 계산 및 점검

비록 시스템 구성 요소를 먼저 살펴보았지만, 시스템 구성 요소를 구입하기 전에 태양광 발전 시스템을 설계해야 한다. 태양광 발전 시스템이 계통 연계형이거나 주 전력원으로 사용되는 독립형인 경우, 먼저 해야 할 일은 하루 평균 소비하는 전력량을 계산하는 것이다. 전기 기기의 정격 전력(W)과 하루 평균 사용 시간(h)을 곱하면 전기 기기의 하루 평균 소비 전력량(Wh)이 된다. 모든 전기 기기의 하루 평균 소비 전력량을 합하면 하루 평균 총 소비 전력량(Wh)이 된다. 보다 쉬운 방법은 전기료 고지서에 표시된 월 소비 전력량(Wh)을 이용하는 것이다. 1년 12달 동안의 월 소비 전력량을 모두 합산하면 연 소비 전력량(Wh)이 된다. 연 소비 전력량을 12달로 나누면 월 평균 소비 전력량(Wh)이 되고, 365일로 나누면 하루 평균 소비 전력량(Wh)이 된다. 다음으로 하루 평균 총 소비 전력량에 맞는 태양광 어레이의 규모를 계산해야 하는데, 계산 방법은 계통 연계형인가 아니면 주 전력원으로 사용되는 독립형인가에 따라 다르다. 계통 연계형은 하루 평균 전력 생산량과 소비량이 같도록 태양광 어레이의 규모를 정하면 되지만,

독립형 태양광 발전 시스템

 주 전력원으로 사용되는 독립형은 하루 평균 전력 생산량이 소비량보다 많도록 태양광 어레이의 규모를 정해야 한다. 이는 날씨가 흐린 날의 전력 생산량이 하루 평균 전력 소비량보다 적기 때문이다. 계통 연계형의 경우 흐린 날에는 한전의 배전 계통으로부터 공급되는 전력을 이용한다. 반면에 주 전력원으로 사용되는 독립형은 예비 전력원이 없는 경우 배터리가 방전되면 전기 기기를 사용할 수 없게 된다. 따라서 흐린 날씨가 계속되어도 배터리가 방전되지 않도록 설계해야 한다. 예를 들어, 3일 동안 흐린 날씨가 계속되면, 배터리에 저장된 전력량 가운데 실제로 사용할 수 있는 전력량이 하루 평균 전력 소비량과 3일을 곱한 값과 같아야 한다. 일반적으로 날씨에 의존하지 않는 일수$_{days\ of\ autonomy}$를 3일로 정하고 배터리 용량을 계산한다. 앞에서 설명한 것처럼, 하루 평균 전력 생산량이 소비량보다 어느 정도 많도록 태양광 어레이의 적당한 규모를 추정한다.

 보조 전력원으로 사용되는 독립형 태양광 발전 시스템은 장소 또는 비용의 제약으로 인해 하루 평균 전력 생산량이 많지 않다. 따라서 먼저 장소 또는 비용에 맞도록 태양광 어레이의 규모를 정해야 한다. 태양광 어레이의 규모를 정한 후, 하루 평균 전력 생산량을 추정한다. 하루 평균

DIY 셀프 태양광 발전

 전력 소비량은 생산량보다 어느 정도 적어야 한다. 다시 말해서, 하루 평균 전력 생산량보다 적은 전력량만 소비해야 한다. 배터리 용량은 하루 평균 전력 소비량과 3일을 곱한 값을 이용하여 계산한다. 이 계산 과정을 앞에서 살펴본 소형 시스템에 적용해 보도록 하자.

 앞에서 언급한 것처럼, 이번 장에서 살펴보고 있는 독립형 태양광 발전 시스템은 태양광 어레이 설치 장소가 협소하고 서향이어서 100W 태양광 모듈 2개를 병렬로 연결하였다. 따라서 태양광 어레이의 최대 전력은 200W이다. 다음으로 하루 평균 전력 생산량을 추정해야 한다. 하루 평균 전력 생산량은 태양광 어레이가 향하는 방향, 계절, 태양 추적 장치의 유무, 태양광 모듈의 유형, 그늘의 유무, 기타 시스템 손실 등의 영향을 받는다. 태양 추적 장치가 없는 경우, 일반적으로 태양광 어레이의 최대 전력(W)에 1~5시간(h)을 곱하면 하루 평균 전력 생산량(Wh)의 추정치가 된다. 이번 장에서 살펴보고 있는 소형 시스템의 경우, 협소하고 서향인 발코니에 설치하여서 일조 시간이 길지 않고 태양광 어레이의 일부분에 그늘이 지기 때문에 최대 전력 200W에 2시간을 곱한 값인 400Wh를 하루 평균 전력 생산량의 추정치로 정한다. 하루 평균 전력 소비량은 이보다 어느 정도 적은 300Wh로 정한다. 다시 말해서 보조 전력원으로부터 300Wh 정도의 전력량만 하루 동안 사용한다고 정한다. 배터리 용량 가운데 사용 가능한 전력량은 하루 평균 전력 소비량과 3일을 곱한 값, 즉 900Wh가 된다. 1장에서 설명한 것처럼, 배터리 용량 가운데 사용 가능한 전력량은 배터리의 심방전도$_{DoD}$와 효율에 비례하고, 리튬인산철 배터리의 심방전도와 효율은 각각 80%와 95~99%이다.

사용 가능한 전력량(Wh) = 배터리 용량(Wh) × 0.80 × 0.95

따라서 배터리 용량은 다음과 같이 계산된다.

$$\text{배터리 용량(Wh)} = \frac{900\,Wh}{0.80 \times 0.95} = 1184\,Wh$$

태양광 모듈 2개를 병렬로 연결하였기 때문에 태양광 어레이의 공칭 전압은 사용된 태양광 모듈의 공칭 전압$_{Vmp}$인 20.4V과 같다. 이 전압값은 배터리 전압보다 어느 정도 높아야 한다. 따라서 12V 배터리를 사용해야 한다. 12V 리튬인산철 배터리의 암페어시 용량(Ah)은 다음과 같이 계산된다.[3]

---

[3] 12V 리튬인산철 배터리의 정격 전압은 12.8V이다.

12V 배터리의 암페어시 용량(Ah) = $\frac{1184\,Wh}{12.8\,V}$ = 92.5Ah

위 계산 결과를 바탕으로 12V 리튬인산철 배터리의 용량을 100Ah로 정하였다.

 이제 충전 조절기를 선택해야 하는데, 앞에서 정한 태양광 어레이와 배터리와 같이 사용할 수 있어야 한다. 먼저 태양광 어레이의 열린 회로 전압$_{Voc}$과 단락 전류$_{Isc}$를 살펴보아야 한다. 태양광 모듈 2개를 병렬로 연결하였으므로, 태양광 어레이의 열린 회로 전압$_{Voc}$은 태양광 모듈의 열린 회로 전압 24.3V와 같은 반면에 태양광 어레이의 단락 전류$_{Isc}$는 태양광 모듈의 단락 전류 5.21A에 2를 곱한 값인 10.42A이다. 선택된 충전 조절기는 태양광 어레이의 열린 회로 전압$_{Voc}$과 단락 전류$_{Isc}$가 각각 100V와 20A 이하일 때 사용 가능하다.

태양광 어레이의 열린 회로 전압$_{Voc}$=24.3V < 100V
태양광 어레이의 단락 전류$_{Isc}$ =10.42A < 20A

다음으로 태양광 어레이의 공칭 전압 또는 최대 전력 전압 $_{Vmp}$은 20.4V이고 배터리의 정격 전압은 12.8V이다. 선택된 충전 조절기는 태양광 어레이의 공칭 전압이 배터리 전압보다 5V 이상 높아야 사용 가능하다.

20.4V−12.8V=7.6V > 5V

다음으로 배터리 충전 전류를 계산해야 한다. 태양광 어레이의 최대 전력 전압 V_{mp}은 사용된 태양광 모듈의 최대 전력 전압인 20.4V과 같고, 태양광 어레이의 최대 전력 전류 I_{mp}는 태양광 모듈의 최대 전력 전류 4.91A에 2를 곱한 값인 9.82A이다. 태양광 어레이의 최대 전력 P_{max}은 최대 전력 전압 V_{mp}과 전류 V_{mp}를 곱한 값인 200W이다. 충전 조절기는 태양광 어레이의 전압을 배터리의 충전 전압으로 낮추는 대신에 전류를 증가시킨다. 전력 손실이 없다고 가정하면 배터리 충전 전류의 최대값을 계산할 수 있다. 배터리의 충전 전압과 충전 전류를 곱한 값이 태양광 어레이의 최대 전력 P_{max}과 같아야 한다. 따라서 최대 충전 전류는 최대 전력 200W를 배터리 전압 12V로 나눈 값인 16.7A이다.[4] 선택된 충전 조절기는 최대 충전 전류가 20A 이하일 때 사용 가능하다.

$$\text{최대 충전 전류}(A) = \frac{200\,W}{12\,V} = 16.7A < 20A$$

---

[4] 12V 리튬인산철 배터리의 정격 전압과 충전 전압은 각각 12.8V와 14.6V이지만, 충전 전류의 최대값을 계산하기 위해 충전 전압을 12V라고 가정하고 계산하였다.

마지막으로 선택된 충전 조절기는 리튬인산철 배터리를 포함한 여러 종류의 12V, 24V 또는 48V 배터리에 사용 가능하다. 요컨대, 위 계산 결과를 바탕으로 충전 조절기를 선택하였다.

   앞에서 언급했듯이, 인버터는 출력 전압이 220V인 독립형 12V 2000W 순수 정현파 인버터를 선택하였다. 정격 출력 output power continuous이 1800W이므로 소비 전력이 1500W인 전기 기기도 사용 가능하다. 콘센트가 2개 있지만, 정격 출력이 1800W이므로 소비전력인 1500W와 500W인 전기 기기를 동시에 사용할 수는 없다.

독립형 태양광 발전 시스템

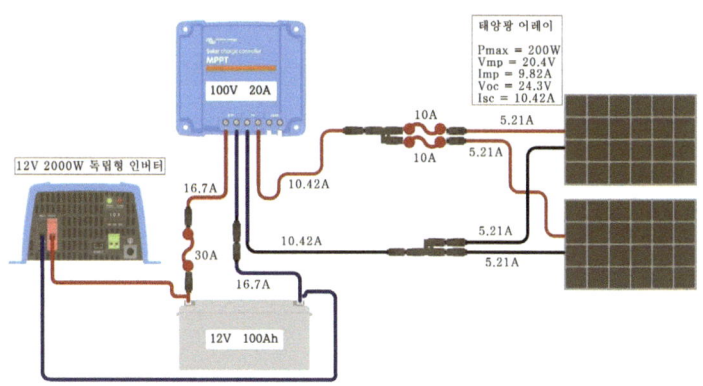

그림 7. 이번 장에서 살펴보고 있는 독립형 태양광 발전 시스템의 그림 배선도에 시스템 사양을 표기하였다. 시스템 구성 요소들의 연결에 필요한 전선 케이블의 규격과 퓨즈의 차단 전류를 계산하는 데 도움이 된다.

지금까지의 계산 결과를 그림 회로도pictorial circuit diagram에 표기하면, 시스템 사양을 한 눈에 점검할 수 있을 뿐만 아니라 시스템 구성 요소들을 연결하는 데 필요한 전선 케이블의 규격과 퓨즈의 차단 전류를 손쉽게 계산할 수 있다. 태양광 모듈에는 전선 케이블이 일체형으로 연결되어 있으므로, Y형 분기 병렬 어댑터 케이블과 충전 조절기를 연결하는 전선 케이블의 규격을 계산해 보자. 태양광 어레이의 단락 전류$_{Isc}$ 10.42A에 안전 계수$_{safety\ factor}$ 1.5를 곱하면 Y형 분기 병렬 어댑터 케이블과 충전 조절기 사이에 흐를 수 있는 최대 전류$_{maximum\ current}$ 15.63A가 된다.[5] 따라서 Y형 분기 케이블과 충전 조절기는 전류 용량이 30A 이상인 10AWG 구리 전선 케이블을 이용하여 연결하였다. 또한 태양광 모듈의 병렬 연결을 위해 사용된 Y형 분기 케이블의 정격 전류는 20A이다.

Y형 분기 병렬 어댑터 케이블과 충전 조절기 사이의
최대 전류$_{Imax}$=10.42A×1.5=15.63A < 30A

태양광 모듈과 Y형 분기 케이블 사이에 퓨즈를 설치하였는데, 이 퓨즈의 차단전류는 태양광 모듈의 단락 전류$_{Isc}$ 5.21A에 안전 계수 1.5를 곱한 값인 7.82A보다 크고 태양광 모듈 뒷면에 표시된 퓨즈 차단전류의 최대값$_{Max\ Series\ Fuse\ Rating}$ 15A보다 작아야 한다. 따라서 태양광 모듈의 (+) 전선과 Y형 분기 케이블 사이에 10A 인라인 MC4 커넥터 퓨즈를 사용하였다. 이는 Y형 분기 케이블과 충전 조절기 사이에 20A 퓨즈를 사용한 것과 같아서, Y형 분기 케이블과 충전 조절기 사이에는 퓨즈를 설치할 필요가 없

---

[5] 안전 계수는 안전을 보장하기 위해 곱해주는 상수인데, 보통 1.25, 1.5 또는 2가 많이 사용된다.

다.6

다음으로 충전 조절기와 배터리를 연결하는 전선 케이블의 규격을 계산한다. 앞에서 계산한 최대 충전 전류 16.7A에 안전 계수 1.5를 곱하면 충전 조절기와 배터리 사이에 흐를 수 있는 최대 전류$_{\text{maximum current (Imax)}}$ 25.1A가 된다. 따라서 충전 조절기와 배터리도 전류 용량이 30A 이상인 10AWG 구리 전선 케이블을 이용하여 연결하였다.

충전 조절기와 배터리 사이의

최대 전류$_{\text{Imax}}$=16.7A×1.5=25.1A < 30A

충전 조절기와 배터리 사이에 설치한 퓨즈의 차단전류는 최대 전류$_{\text{Imax}}$ 25.1A보다 크고 10AWG 구리 전선 케이블의 전류 용량보다 작아야 한다. 10AWG 구리 전선 케이블의 전류 용량은 30A 이상이므로, 충전 조절기와 배터리의 (+) 단자를 연결하는 케이블 사이에 30A 인라인 MC4 커넥터 퓨즈를 사용하였다.

마지막으로 배터리와 인버터 사이는 인버터 구입 시 제공된 전선 케이블을 이용하여 연결하면 된다.

---

6 20A는 태양광 어레이의 최대 전류 15.63A보다 크고 10AWG 구리 전선 케이블의 전류 용량(≥30A)보다 작다.

시스템 연결 순서 및 방법

앞에서 설명한 것처럼 시스템을 설계하고 계산 및 점검을 끝마쳤다고 하자. 이제 시스템 구성 요소들을 연결해야 하는데, 안전을 위해 연결 순서 및 방법에 각별한 주의가 필요하다. 전기 작업은 감전 위험이 있으므로 절연 장갑을 사용하도록 한다. 또한 1장에서 설명한 것처럼, 태양광 모듈 또는 배터리의 양극과 음극이 저항을 통하지 않고 직접 연결되는 쇼트, 즉 단락 사고가 발생하는 일이 없도록 조심해야 한다. 배터리와 인버터의 단자$_{terminal}$를 보호하는 커버를 사용하면 쇼트를 방지할 수 있다. 또한 태양광 발전 시스템에 많이 사용되는 MC4 커넥터로 된 전선 케이블은 쇼트를 방지할 수 있는 장점도 있다.

먼저 배터리에 한 쌍의 10AWG 전선 케이블을 연결하는데, 한쪽 단자는 MC4 커넥터로 되어 있고 다른 쪽 단자는 링 단자$_{ring\ terminal}$로 되어 있는 전선 케이블을 이용하였다. 배터리는 많은 에너지를 저장하고 있기 때문에 연결할 때 주의해야 한다. 단락 사고는 배터리의 양극과 음극이 저항을 통하지 않고 직접 연결되는 경우에 발생한다. 전선도 저항이 있기 때문에 닫힌 회로$_{closed\ circuit}$를 위한 마지막 연결은 배터리로부터 최대한 먼 지점에서 이루어지는 것이 좋다. 따라서 배터리에 전선 케이블을 연결할 때에는 열린 회로open circuit를 유지하면서 전선 케이블의 링 단자를 배터리의 양극과 음극에 연결한다. 마찬가지로 충전 조절기에도 한 쌍의 10AWG 전선 케이블을 연결하는데, 한쪽 단자는 MC4 커넥터로 되어 있고 다른 쪽은 단자 없이 피복만 벗긴 전선 케이블을 이용한다. 사용된 충전 조절기의 단자는 나사로 고정시키는 나사 단자screw terminal이다. 피복을 벗긴 한 쌍의 전선 케이블을 충전 조절기의 배터리(BATT) (+)와 (-) 나사 단자에 넣고 나사로 고정시킨다. 이제 배터리와 충전 조절기에 연결된 전선 케이블의 MC4 커넥터를 서로 연결하면 배터리와 충전 조절기가 연결되는데, 충전 조절기의 배터리 (+) 나사 단자에 연결된 전선과 배터리의 (+) 전선 사이에 30A 인라인 MC4 커넥터 퓨즈를 연결한다.

다음으로 배터리와 인버터를 연결한다. 인버터 구입 시 제공된 25SQ 전선 케이블을 이용하는데, 양쪽 단자 모두 링 단자 또는 러그lug 단자로 되어 있다. 단락 사고가 발생하지 않도록 열린 회로open circuit를 유지하면서 전선 케이블의 링 단자를 배터리의 양극과 음극에 연결한다. 이제 배터리에 연결된 전선 케이블을 인버터에 연결하면 된다. 배터리의 (+)와 (−) 전선을 각각 인버터의 (+)와 (−) 단자에 연결하고, 단락 사고가 발생하지 않도록 인버터의 (+)와 (−) 단자에 쇼트 방지용 보호 커버를 씌운다.

　마지막으로 태양광 모듈의 (+)와 (−) 전선 케이블에 한 쌍의 Y형 분기 병렬 어댑터 케이블을 연결하는데, 모든 단자가 MC4 커넥터로 되어 있어서 쉽게 연결할 수 있다. Y형 분기 병렬 어댑터 케이블을 이용하면 태양광 모듈 2개를 병렬로 연결하여 간단하게 태양광 어레이를 구성할 수 있다. 태양광 모듈의 (+) 전선 케이블과 Y형 분기 케이블 사이에 10A 인라인 MC4 커넥터 퓨즈를 설치한다. 충전 조절기를 배터리에 연결할 때와 마찬가지로, 충전 조절기에 한 쌍의 10AWG 전선 케이블을 연결한다. 피복을 벗긴 한 쌍의 전선 케이블을 충전 조절기의 태양광(PV) (+)와 (−) 나사 단자에 넣고 나사로 고정시킨다. 이제 태양광 어레이와 충전 조절기에 연결된 전선 케이블의 MC4 커넥터를 서로 연결하면 태양광 어레이와 충전 조절기가 연결된다.

프레임 설계 및 설치

앞에서 언급한 것처럼, 태양광 모듈을 고정시키기 위해 앵글 프레임을 사용하였다. 2장에서 살펴본 것처럼, 햇빛이 태양광 모듈과 이루는 각도가 수직에 가까울수록 태양광 모듈의 전력 생산량이 증가한다. 따라서 햇빛이 태양광 모듈과 이루는 각도가 수직에 가까울 수 있도록 태양광 모듈을 고정시키는 프레임을 설계해야 한다.

DIY 셀프 태양광 발전

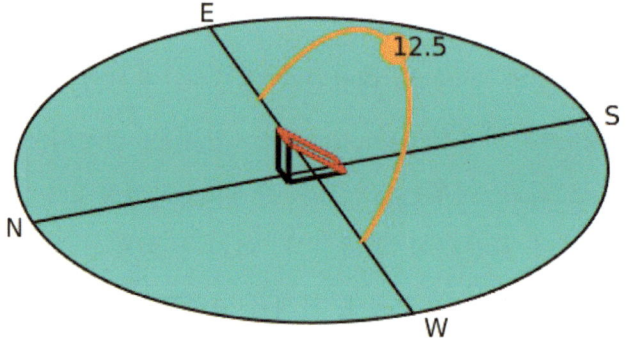

그림 8. 서울의 지평면에서 태양광 모듈이 정남을 향하고 지평면과 이루는 각도가 37도가 되도록 프레임을 설치하면, 춘분이나 추분일 때 오후 12시 30분에 햇빛과 태양광 모듈이 수직을 이룬다. 빨간색 사각형은 태양광 모듈을 나타내고, 검은색 실선은 프레임을 나타낸다. 프레임의 크기를 과장되게 표현하였다. 실제 스케일에 맞게 표현했다면, 태양과 지구가 아주 작은 점으로 표현될 것이다.

독립형 태양광 발전 시스템

 남쪽으로 훤히 트인 장소에서는 태양광 모듈이 정남을 향하고 지평면과 이루는 각도가 37도가 되도록 프레임을 설계하면 된다. 그 결과 약 위도 37도인 서울에서 춘분이나 추분일 때 해가 가장 높이 뜨는 12시 30분쯤에 햇빛과 태양광 모듈이 수직을 이룬다. 한 각이 37도인 직각삼각형에서 세 변의 길이 비율은 약 3 : 4 : 5이다. 즉, 지평면과 수직인 변의 길이가 3이면, 지평면과 수평인 변의 길이는 4가 되고 빗변의 길이는 5가 된다.

DIY 셀프 태양광 발전

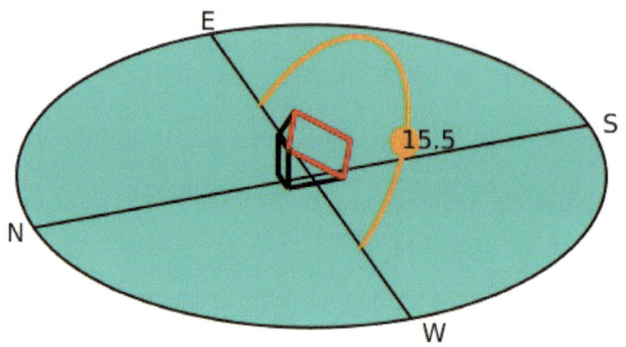

그림 9. 그림 8에서 태양광 모듈을 45도 회전시키면, 춘분이나 추분일 때 오후 3시 30분에 햇빛과 태양광 모듈이 수직을 이룬다. 빨간색 사각형은 태양광 모듈을 나타내고, 검은색 실선은 프레임을 나타낸다. 프레임의 크기를 과장되게 표현하였다. 실제 스케일에 맞게 표현했다면, 태양과 지구가 아주 작은 점으로 표현될 것이다.

독립형 태양광 발전 시스템

앞에서 언급한 것처럼, 이번 장에서 살펴보고 있는 독립형 태양광 발전 시스템의 경우 태양광 어레이는 서향인 발코니에 설치되었다. 따라서 오후에 햇빛과 태양광 모듈이 이루는 각도가 수직에 가까울 수 있도록 태양광 모듈을 고정시키는 프레임을 설계해야 한다. 다시 말해서 태양광 모듈이 오후 내내 햇빛을 받을 수 있어야 한다. 2장에서 살펴본 것처럼, 우리나라에서는 춘분이나 추분에 오후 12시 30분쯤 해가 가장 높이 뜨고 오후 6시 30분쯤 해가 서쪽으로 진다. 이 사실을 고려하여 약 위도 37도인 서울에서 춘분이나 추분일 때 오후 3시 30분쯤에 햇빛과 태양광 모듈이 수직을 이루도록 앵글 프레임을 설계하였다. 다시 말해서, 앞에서 설계한 한 각이 37도인 직각삼각형의 빗변을 회전축으로 하여 태양광 모듈을 45도 회전시켰다. 한 각이 45도인 직각삼각형에서 세 변의 길이 비율은 약 1 : 1 : 1.414이다. 즉, 빗변의 길이가 1.414이면, 다른 두 변의 길이는 1이다.

프레임을 설계한 후 앵글 프레임을 이용하여 설계한 대로 프레임을 설치한다. 이제 태양광 모듈의 뒷면 테두리에 있는 볼트 구멍을 이용하여 태양광 모듈을 프레임에 고정하면 된다. 프레임을 설계하고 설치할 때는 안전에 각별히

신경을 써야 한다. 되도록 태양광 모듈이 바람을 타지 않도록 설계한다. 또한 프레임을 바닥에 단단히 고정시키거나 콘크리트 블록과 같은 무거운 물체를 밸러스트$_{ballast}$로 사용해서 프레임이 전복되지 않도록 한다.

4 태양 추적 태양광 발전 시스템

2장에서 살펴본 것처럼, 태양 추적 장치$_{\text{solar tracker}}$는 회전축의 개수에 따라 단축$_{\text{single-axis}}$과 양축$_{\text{dual-axis}}$ 태양 추적 장치로 나뉘고, 태양광 패널의 방향이 수동 또는 자동으로 조절된다. 에이치브이시뮬(HV SIMUL)은 범지구적으로 사용할 수 있는 양축 자동 태양 추적 장치를 구축하는 방법을 개발하였고, 이 방법에 기초하고 과학상자와 코딩보드를 이용하여 태양 추적 장치를 구축하였다. 이번 장에서는 이 태양 추적 장치를 사용한 독립형 태양광 발전 시스템을 살펴보도록 하자. 이 독립형 태양광 발전 시스템은 5W 태양광 모듈 1개로 구성된 태양광 어레이로 시작하여 6V 리튬인산철 배터리로 끝나는 초소형 시스템으로서 배터리에 저장된 6V 직류 전력을 태양 추적 장치의 코딩보드에 공급한다. 또한 배터리에 저장된 6V 직류 전력은 정원이나 마당을 밝히는 센서등, CCTV 카메라, 스마트폰과 노트북 충전 등에 이용될 수 있다.

DIY 셀프 태양광 발전

시스템 구성 요소

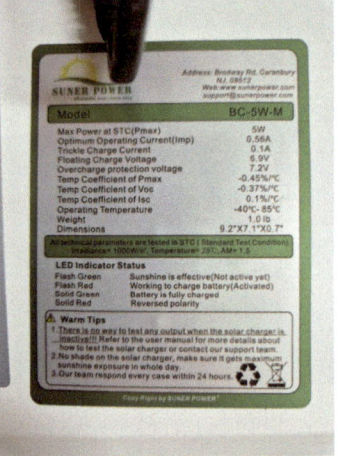

그림 1. 5W 태양광 모듈 1개로 태양광 어레이를 구성하였다. 왼쪽 위, 오른쪽 위 그리고 오른쪽 아래에 있는 사진은 각각 태양광 어레이의 앞면, 뒷면 그리고 태양광 모듈의 뒷면에 표시된 태양광 모듈의 전기 사양을 보여 준다.

사용된 태양광 모듈은 단결정질 실리콘 태양 전지로 만든 제품으로서 표준 시험 조건$_{STC}$에서의 최대 전력$_{Pmax}$이 5W, 전력이 최대일 때의 전압$_{Vmp}$과 전류$_{Imp}$가 각각 9V와 0.56A이다. 열린 회로일 때의 전압$_{Voc}$은 10.8V이고, 단락일 때의 전류$_{Isc}$는 0.59A이다.

태양광 모듈 1개만 이용하여 태양광 어레이를 구성하였다. 사용된 태양광 모듈에는 충전 조절기가 일체형으로 연결되어 있어서 사용이 간편하고 공간을 효율적으로 이용할 수 있다. 일체형으로 연결된 충전 조절기는 최대 전력점 추적$_{MPPT}$ 기능을 수행하고, 과충전 보호 전압$_{overcharge\ protection\ voltage}$이 7.2V이고 부동 충전 전압$_{floating\ charging\ voltage}$이 6.9V이어서 6V 배터리 충전에 사용하는 제품이다. 또한 이 충전 조절기는 과충전, 과방전, 단락, 역방향 연결 등으로부터 배터리를 보호하는 기능이 있다.

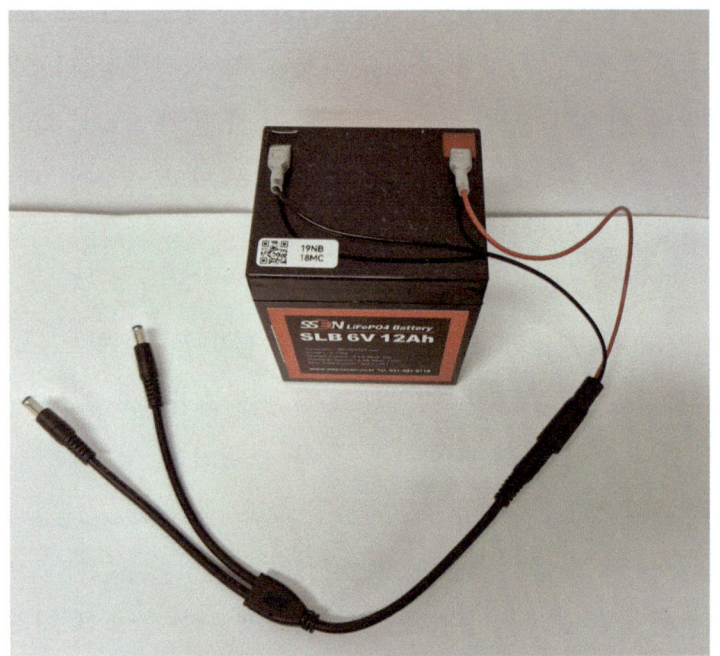

그림 2. 배터리 관리 시스템을 갖춘 6V 12Ah 리튬인산철 배터리를 사용하였다.

 사용된 배터리는 6V 12Ah 리튬인산철 배터리이다. 따라서 배터리 용량은 76.8Wh이다.1 이 중에서 실제로 사용할 수 있는 유효 용량은 리튬인산철 배터리의 심방전도$_{DoD}$

---

1 6V 리튬인산철 배터리의 정격 전압은 6.4V이고 충전 전압은 7.2V이다.

80퍼센트와 효율 95~99퍼센트를 적용하면 약 60Wh이다. 이 리튬인산철 배터리는 과충전과 과방전을 방지하는 배터리 관리 시스템BMS을 갖춘 스마트 배터리이다.

사용된 6V 배터리는 FASTON 단자FASTON terminal로 되어 있기 때문에 한쪽 단자는 블레이드 커넥터blade connector로 되어 있고 다른 쪽 단자는 DC5521 커넥터DC5521 connector로 되어 있는 전선 케이블을 연결하였다. 6V 배터리를 태양광 모듈의 충전 조절기와 태양 추적 장치의 코딩 보드에 연결하기 위해 DC Y 분배 케이블DC Y splitter cable을 이용하였다.

앞에서 언급한 것처럼, 사용된 태양광 모듈에는 충전 조절기가 일체형으로 연결되어 있다. 충전 조절기에는 18AWG 전선 케이블이 일체형으로 연결되어 있고 전선 케이블의 끝은 SAE 커넥터SAE connector로 되어 있다. 따라서 한쪽 단자는 SAE 커넥터로 되어 있고 다른 쪽 단자는 DC5521 커넥터DC5521 connector로 되어 있는 전선 케이블을 이용하여 태양광 모듈의 충전 조절기와 6V 배터리를 연결하였다.

태양 추적 장치의 코딩 보드는 6V 배터리에 연결된 DC Y 분배 케이블DC Y splitter cable의 DC5521 커넥터DC5521 connector에 바로 연결할 수 있다. 코딩 보드뿐만 아니라 센서등, CCTV 카메라, 스마트폰 또는 노트북 등에 전력을 공급하기 위해서는 2분배 케이블인 DC Y 분배 케이블 대신에 3분배 케이블을 이용하면 되는데, 사용하고자 하는 전기기기의 정격전압을 살펴보아야 한다. 예를 들어, 스마트폰 배터리의 충전 전압은 5V이므로 강압 컨버터step-down converter를 이용하여 직류 전압을 낮추어야 한다. 코딩 보드의 입력 전압은 6~9V이므로 컨버터가 필요 없다.

시스템 사양 계산 및 점검

3장에서처럼, 보조 전력원으로 사용되는 독립형 태양광 발전 시스템의 사양을 계산하고 점검하도록 하자. 정원이나 마당을 밝히는 센서등, CCTV 카메라, 스마트폰과 노트북 충전 등에 전력을 공급하는 시스템의 경우 공간과 비용의 제약으로 인하여 5W 태양광 모듈 1개만 이용하여 태양광 어레이를 구성하였다. 따라서 태양광 어레이의 최대 전력은 5W이다. 다음으로 하루 평균 전력 생산량을 추정해야 한다. 태양 추적 장치가 없는 경우, 태양광 어레이의 최대 전력(W)에 1~5시간(h)을 곱하면 하루 평균 전력 생산량(Wh)의 추정치가 된다. 반면에 태양 추적 장치가 있는 경우, 태양광 어레이의 최대 전력(W)에 5~10시간(h)을 곱하면 하루 평균 전력 생산량(Wh)의 추정치가 된다. 그늘 등의 문제로 최대 전력 5W에 5시간을 곱한 값인 25Wh를 하루 평균 전력 생산량의 추정치로 정한다. 하루 평균 전력 소비량은 이보다 어느 정도 적은 20Wh로 정한다. 따라서 배터리 용량 가운데 사용 가능한 전력량은 하루 평균 전력 소비량과 3일을 곱한 값, 즉 60Wh 정도가 되어야 한다. 필요한 배터리 용량은 다음과 같이 계산된다.

사용 가능한 전력량(Wh) = 배터리 용량(Wh)×0.80×0.99

배터리 용량(Wh) = $\dfrac{60\,Wh}{0.80 \times 0.99}$ = 76Wh

6V 리튬인산철 배터리의 암페어시 용량(Wh)은 다음과 같이 계산된다.[2]

6V 배터리의 암페어시 용량(Ah) = $\dfrac{76\,Wh}{6.4\,V}$ = 11.9Ah

위 계산 결과를 바탕으로 6V 리튬인산철 배터리의 용량을 12Ah로 정하였다.

앞에서 언급한 것처럼, 사용된 태양광 모듈에 일체형으로 연결된 충전 조절기는 과충전 보호 전압이 7.2V이고 부

---

2 6V 리튬인산철 배터리의 정격 전압은 6.4V이다.

동 충전 전압이 6.9V이어서 6V 배터리 충전에 사용된다.

   요컨대, 이번 장에서 살펴보고 있는 독립형 태양광 발전 시스템은 충전 조절기가 일체형으로 연결된 5W 태양광 모듈 1개와 6V 리튬인산철 배터리로 구성된 초소형 시스템으로서 태양 추적 장치의 코딩보드뿐만 아니라 센서등, CCTV 카메라, 스마트폰, 노트북 등에 직류 전력을 공급한다.

태양 추적 장치

앞에서 언급한 것처럼, 과학상자와 코딩보드를 이용하여 범용 양축 자동 태양 추적 장치를 구축하였다. 2장에서 살펴본 것처럼, 지구의 자전축이 공전궤도면에 수직한 방향으로부터 약 23.5도 기울어져 있기 때문에, 태양은 동쪽에서 떠서 서쪽으로 지는 하루 주기의 겉보기 운동뿐만 아니라 북회귀선과 남회귀선 사이에서 1년 주기의 겉보기 운동도 한다.

태양 추적 태양광 발전 시스템

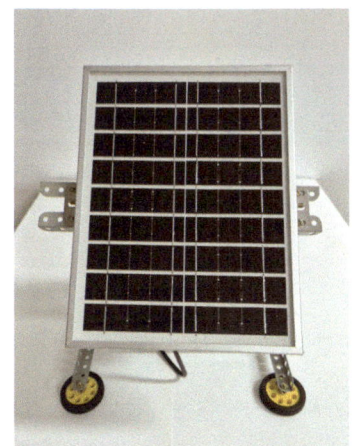 

그림 3. 태양 추적 장치는 태양광 모듈과 햇빛이 수직을 이루도록 태양광 모듈이 향하는 방향을 조절한다. 왼쪽 위, 오른쪽 위 그리고 오른쪽 아래에 있는 사진은 각각 서울에서 춘분이나 추분일 때 오후 12시 30분, 오후 3시 30분 그리고 오전 9시 30분에 태양광 모듈이 향하는 방향을 보여 준다.

3장에서 태양광 모듈을 고정시키는 프레임을 설계할 때 살펴본 것처럼, 약 위도 37도인 서울에서 춘분이나 추분일 때 오후 12시 30분에 태양광 모듈이 정남을 향하고 지평면과 이루는 각도가 37도가 되어서 햇빛과 수직을 이룬다. 오후 3시 30분에는 태양광 모듈이 서쪽으로 45도 회전하여서 햇빛과 수직을 이룬다. 마찬가지로 오전 9시 30분에는 태양광 모듈이 마치 동쪽으로 45도 회전한 것 같아서 햇빛과 수직을 이룬다. 요컨대 태양의 일주 운동에 따라 태양광 모듈이 향하는 방향은 자동으로 조정된다.

범용 양축 자동 태양 추적 장치는 태양의 연주 운동에 따라서도 태양광 모듈이 향하는 방향을 자동으로 조정한다. 태양광 모듈은 매일 자정에 태양의 적위와 같은 각도로 회전된다. 예를 들어 하지일 때 자정에 태양광 모듈이 위쪽으로 23.5도 회전하고, 동지일 때 아래쪽으로 23.5도 회전한다.

5 계통 연계형 태양광 발전 시스템

이번 장에서는 계통 연계형 태양광 발전 시스템을 설치하는 방법에 대해 알아보도록 하자.[1] 태양광 모듈과 스트링 인버터를 셀프로 구입하고 시공한다고 가정한다. 다만 전선을 배선하는 작업은 면허를 가진 전기 기술자에게 맡기는 것이 좋고, 태양광 모듈, 인버터 등을 구입하기 전에 지자체의 인허가를 받고 한국전력공사와의 상계거래계약 신청을 해야 한다. 한전과의 상계거래계약 체결은 개인이 신청할 수 없고 허가 받은 전기 업체를 통해서만 가능하다.

---

[1] 계통 연계형 태양광 발전 시스템의 셀프 시공에 관한 보다 상세한 내용은 Burdick and Schmidt (2017)을 참고하기 바란다. 한국패시브건축협회의 도움을 받아서 계통 연계형 태양광 발전 시스템을 셀프 시공한 데이브코즈 씨의 사례를 살펴보는 것도 도움이 될 것이다. https://www.phiko.kr/bbs/board.php?bo_table=z4_04&wr_id=12776.

시스템 사양 계산 및 구성 요소 선택

주변에서 흔히 접할 수 있는 가정용 3kW급 태양광 발전 시스템을 설치한다고 가정하자. 최대 전력이 3.5kW, 즉 3500W인 태양광 어레이를 사방이 확 트이고 남쪽을 향한 지붕에 설치할 경우, 일조 시간이 길고 그늘 걱정이 없기 때문에 하루 평균 전력 생산량은 최대 17.5kWh 정도로 추정할 수 있다.[2]

하루 평균 전력 생산량의 최대값=3.5kW×5h=17.5kWh

월 평균 전력 생산량의 최대값=17.5kWh×30일=525kWh

이렇게 계산된 월 평균 전력 생산량의 최대값 525kWh는 일반적인 가정의 전기료 고지서에 표시된 월 소비 전력량의 평균값과 비슷할 것이다.[3] 3장에서 언급한 것처럼, 계통

---

[2] 미국 국립재생에너지연구소에서 개발한 온라인 계산기 프로그램인 PVWatts를 이용하면 태양광 발전 시스템의 전력 생산량을 보다 정확하게 추정할 수 있다. PVWatts 웹 사이트(https://pvwatts.nrel.gov)에서 시스템을 설치할 도시 이름을 입력한 후에 태양광 어레이의 최대 전력, 태양광 모듈의 종류, 태양광 어레이의 설치 방식 및 태양 추적 장치의 사용 여부, 시스템 손실, 태양광 어레이가 향하는 방향인 경사각과 방위각 등의 시스템 정보를 입력하면 연간 전력 생산량에 대한 예측값이 산출된다.

[3] 에어컨과 전기 난방 시설을 이용하는 경우, 각각 여름과 겨울에 월

연계형 태양광 발전 시스템의 경우 평균 전력 생산량과 소비량이 같도록 태양광 어레이의 규모를 정하면 된다.

먼저 태양광 모듈을 선택해야 한다. 현대에너지솔루션의 500W 태양광 모듈 HiS-S500OH-ET를 선택한다고 가정하자.4 선택된 태양광 모듈은 단결정질 실리콘 태양 전지로 만든 양면형 제품으로서 표준 시험 조건$_{STC}$에서의 최대 전력$_{Pmax}$이 500W, 전력이 최대일 때의 전압$_{Vmp}$과 전류$_{Imp}$가 각각 39.0V와 12.83A이다. 열린 회로일 때의 전압$_{Voc}$은 45.6V이고, 단락일 때의 전류$_{Isc}$는 13.57A이다. 500W 태양광 모듈 7개로 태양광 어레이를 구성하면, 태양광 어레이의 최대 전력은 3500W, 즉 3.5kW가 된다.

태양광 어레이의 최대 전력=500W×7=3500W=3.5kW

태양광 모듈 7개를 직렬로 연결하여 태양광 어레이를 구성한다고 가정하자. 똑같은 태양광 모듈을 직렬로 연결하여 하나의 열$_{string}$을 구성하면 전압만 합산되고 전류는 각 모듈의 전류와 같게 된다. 스트링 인버터는 입력 전압이 높아야 하므로 태양광 모듈의 직렬 연결이 필수적이다. 또한 태양광 어레이를 사방이 확 트이고 남쪽을 향한 지붕 위에

소비 전력량이 높다.

4 제품 카탈로그는 www.hd-hyundaies.co.kr에서 다운로드할 수 있다.

설치한다고 가정하였기 때문에 그늘로 인한 전력 손실을 걱정할 필요가 없다.

이제 스트링 인버터를 선택해야 하는데, 앞에서 정한 태양광 어레이와 같이 사용할 수 있어야 한다. 먼저 스트링 인버터의 정격 전력이 태양광 어레이의 최대 전력보다 커야 한다. 금비전자의 정격 출력 전력이 3.5kW이고 정격 입력 전력이 3.68kW인 스트링 인버터 **S3R5K-A**를 선택한다고 가정하자.5 다음으로 태양광 어레이의 열린 회로 전압 V_{oc}과 단락 전류 I_{sc}를 살펴보아야 한다. 태양광 모듈 7개를 직렬로 연결하였으므로, 태양광 어레이의 단락 전류 I_{sc}는 태양광 모듈의 단락 전류 13.57A와 같은 반면에 태양광 어레이의 열린 회로 전압 V_{oc}은 태양광 모듈의 열린 회로 전압 45.6V에 7을 곱한 값인 319.2V이다. 선택된 스트링 인버터는 태양광 어레이의 열린 회로 전압 V_{oc}이 500V 이하이고 태양광 모듈을 직렬로 연결한 열$_{string}$의 단락 전류 I_{sc}가 16.6A이하일 때 사용 가능하다.

태양광 어레이의 열린 회로 전압 V_{oc}=319.2V < 500V
태양광 스트링의 단락 전류 I_{sc} =13.57A < 16.6A

---

5 제품 매뉴얼은 www.keumbee.co.kr에서 다운로드할 수 있다.

다음으로 태양광 어레이의 최대 전력 전압 V_{mp}은 선택된 스트링 인버터의 최대 전력점 추적 $_{MPPT}$ 전압 범위에 들어야 한다. 태양광 어레이의 최대 전력 전압 V_{mp}은 태양광 모듈의 최대 전력 전압 39V에 7을 곱한 값인 273V이다. 따라서 선택된 스트링 인버터의 최대 전력점 추적 전압 범위 210~400V는 태양광 어레이의 최대 전력 전압 273V를 포함한다. 선택된 스트링 인버터는 정격 입력 전압이 직류 350V이고 정격 출력 전압이 교류 220V이다.

　태양광 모듈과 스트링 인버터를 선택한 다음에는 전선 케이블의 규격과 차단기의 차단 전류를 계산해야 하는데, 면허를 가진 전기 기술자에게 맡기도록 한다.

프레임 설계 및 설치

태양광 어레이를 경사진 지붕에 설치하는 경우에는 먼저 지붕 타공이 필요한지 여부를 알아보아야 한다. 예를 들어, 아스팔트 싱글 지붕 asphalt shingle roof은 타공이 불가피하지만, 스탠딩심 금속판 지붕 standing-seam metal roof은 타공할 필요가 없다. 타공이 필요한 경우에는 볼트 또는 랙 나사 lag screw 등을 이용하여 브라켓을 지붕에 고정시킨다. 이때 방수를 위해 지붕과 브라켓 사이에 플래싱flashing을 설치해야 한다. 반면에 스탠딩심 금속판 지붕은 클립형 브라켓을 금속판 지붕의 위로 돌출된 이음매 부분, 즉 스탠딩심standing seam에 고정시킨다. 브라켓을 지붕에 고정시킨 후에는 타공 여부와 상관없이 레일rail 또는 프레임frame을 브라켓 위에 설치한다. 각각의 태양광 모듈이 2개의 레일 위에 위치하도록 레일을 설치하고 모듈 클립module clip을 이용하여 태양광 모듈을 레일에 고정시킨다. 모듈 클립은 태양광 어레이 끝부분을 레일에 고정하는 것과 태양광 어레이 중간, 즉 2개의 태양광 모듈 사이에서 2개의 모듈을 레일에 고정하는 것이 있는데, 두 종류 모두 사용해서 각각의 태양광 모듈을 지붕에 단단히 고정시켜야 한다.

시스템 연결 방법 및 구축 순서

독립형 태양광 발전 시스템에 쓰이는 독립형 인버터와 다르게, 계통 연계형 인버터는 한국전력공사의 배전 계통에 연결되어야만 작동한다. 따라서 한전에서 발전량 측정 계량기PV production meter를 분전반distribution board에 연결하기 전에 태양광 모듈부터 계량기까지 차근차근 연결하면 된다. 다만, 셀프 시공의 경우에도 배선 작업은 면허를 가진 전기 기술자에게 맡기는 것이 좋다. 한국전력공사와의 상계거래 계약 체결은 개인이 신청할 수 없고 허가 받은 전기 업체를 통해서만 가능하다.

   비록 시스템 구성 요소와 연결 방법을 먼저 살펴보았지만, 시스템 구성 요소를 구입하기 전에 지자체의 인허가를 받고 한국전력공사와의 상계거래계약 신청을 해야 한다. 면허를 가진 전기 업체에 인허가 및 상계거래 업무를 대행해 줄 수 있는지 문의하도록 한다. 인허가와 상계거래계약 문제가 해결되면, 지금까지 살펴본 것처럼 시스템을 설치한다.

에필로그

이 책에 대한 작업은 에이치브이시뮬(HV SIMUL)에서 개발한 범용 자동 태양 위치 추적 방법에 기초한 태양 추적 태양광 발전 시스템을 구축하는 프로젝트의 일환으로 시작되었다. 범지구적으로 사용할 수 있는 양축 자동 태양 추적 장치를 이용하면 한 개의 태양광 모듈을 이용해도 여러 개의 태양광 모듈을 이용한 것과 같은 효과를 얻을 수 있다. 따라서 전력 소비량은 많지만 옥상 면적이 상대적으로 좁은 고층 건물의 옥상에 태양 추적 태양광 발전 시설을 설치하면, 도시 지역의 에너지 자립도가 높아질 것이다.

서문에서 언급한 것처럼, 친환경 에너지라는 미명 아래 무분별한 개발로 자연을 훼손하는 일은 없어야 한다. 정부 주도의 태양광 사업은 자연을 훼손하고 산사태, 침수 등의 재해를 발생시키는 등 부작용을 초래할 수 있다. 반면에 일반 대중이 주도적으로 각자의 집이나 건물에 태양광 발전 시설을 설치하면 전기료를 아낄 수 있을 뿐만 아니라 도시 지역의 에너지 자립도를 높일 수 있어서 무분별한 개발로 자연을 훼손하는 일이 줄어들 것이다.

　태양광 발전은 화석 연료를 대체할 수 있는 여러 가지 수단 중 하나이다. 모든 수단이 그러하듯 태양광 발전도 단점을 가지고 있다. 그럼에도 불구하고 태양광 발전 시설은 일반 대중이 설치할 수 있는 친환경 에너지 시스템 가운데 경제성이 가장 높다. 또한 태양광 발전 시설을 알맞은 장소에 적당한 규모로 설치하면 태양광 발전 시설의 경제성을 극대화할 수 있다. 이를 위해서는 먼저 태양광 발전 시설에 대한 공부를 해야 한다. 이 책이 그 공부의 시작이 되었으면 하는 바람이다.

참고문헌

사전류

《건축용어사전》, http://dict.aik.or.kr

《물리학백과》, https://www.kps.or.kr

《화학백과》, https://kchem.org

《식물학백과》, https://www.kspb.kr

《천문학백과》, https://www.kas.org

《기상학백과》, https://www.komes.or.kr

《해양학백과》, https://www.ksocean.or.kr

《두산백과사전》, http://www.doopedia.co.kr

《Wikipedia》, https://en.wikipedia.org

단행본

배성호, 《패시브하우스 콘서트》, 주택문화사, 2014

에이치브이시뮬 편집부, 《패시브하우스, 수족관 그리고 지구》, 에이치브이시뮬, 2023

홍종호, 《기후위기 부의 대전환》, 다산북스, 2023

J. Burdick and P. Schmidt, 《Install Your Own Solar Panels: Designing and Installing a Photovoltaic System to Power Your Home》, Storey Publishing, 2017

D. D. Chiras, 《The Solar House: Passive Heating and Cooling》, Chelsea Green Publishing, 2002

K. Emanuel, 《What We Know About Climate Change》, The MIT Press, 2018

N. Seghers, 《Off-Grid Solar Power Simplified: For RVs, Vans, Cabins, Boats and Tiny Homes》, CleverSolarPower.com, 2020

논문

Bae, In-Su, 2015: PVWatts. *Electrical & Electronic Materials*, **28**(4), 5—12

글쓴이 에이치브이시뮬 편집부

에이치브이시뮬은 과학교양서적을 전문적으로 발행하는 출판사입니다. 저서와 역서로 《이순신 장군 주요 해전에 대한 자연과학적 이해》, 《패시브하우스, 수족관 그리고 지구》, 《기후 변화에 대해 우리가 아는 것들》 등이 있습니다. 에이치브이시뮬의 다른 사업으로는 고성능 연산을 위한 컴퓨터 클러스터 구축, 컴퓨터 시뮬레이션을 이용한 유체 시스템 분석 및 예측 등이 있습니다.

DIY 셀프 태양광 발전

초판 1쇄 발행일   2025년 5월 29일

글쓴이	에이치브이시뮬 편집부
발행인	에이치브이시뮬 편집부
발행처	에이치브이시뮬 (HV SIMUL)
출판등록	2019년 11월 13일
출판등록번호	제25100-2019-000011호
주소	전라북도 익산시 약촌로 174 지식산업센터 610호
전화	063-856-3337
팩스	050-4020-0052
이메일	hvsimul@naver.com
홈페이지	https://www.hvsimul.com

ISBN 979-11-968909-6-4 (13560)

값 10,000원

Copyright ⓒ 2025 HV SIMUL
All rights reserved.
이 책은 저작권법의 보호를 받는 저작물입니다. 무단 전재 및 복제를 금합니다.